本书由南京水利科学研究院出版基金资助出版

岩土勘察技术方法

杨　杰　龚丽飞　吴月龙　著

中国纺织出版社有限公司

内 容 提 要

岩土工程勘探是一项复杂的工作，因此，如何提升岩土勘探技术，确保勘探工作的顺利进行，是未来岩土工作不断发展的关键。本书分为7章，对岩土工程勘察的相关内容进行了详细分析，并总结了岩土工程勘察的基本要求、主要内容，以及基本程序，阐述了岩土工程勘探技术的有效方式，以及一些新技术的发展与应用，并提出一些意见以供参考，以便和更多的勘察技术人员一起学习、进步。

图书在版编目(CIP)数据

岩土勘察技术方法 / 杨杰，龚丽飞，吴月龙著. -- 北京：中国纺织出版社有限公司，2022.12

ISBN 978-7-5229-0172-5

Ⅰ. ①岩… Ⅱ. ①杨… ②龚… ③吴… Ⅲ. ①岩土工程—地质勘探 Ⅳ. ①TU412

中国版本图书馆CIP数据核字(2022)第244815号

责任编辑：张 宏　　责任校对：高 涵　　责任印制：储志伟

中国纺织出版社有限公司出版发行
地址：北京市朝阳区百子湾东里A407号楼　邮政编码：100124
销售电话：010—67004422　传真：010—87155801
http://www.c-textilep.com
中国纺织出版社天猫旗舰店
官方微博 http://weibo.com/2119887771
天津千鹤文化传播有限公司印刷　各地新华书店经销
2022年12月第1版第1次印刷
开本：787×1092　1/16　印张：11.25
字数：229千字　定价：98.00元

前　言

岩土工程勘察是建设工程的基础性工作，只有通过准确勘察才能为制订施工方案提供准确的参数。而施工处理技术的运用必须考虑众多地质因素。因此，强化岩土工程勘察工作，正确应用施工处理技术，对提高整个工程的质量来说至关重要。

地质结构复杂多样，只有通过准确勘察才能获得不良地质的详细参数。而地基处理又是确保建筑工程质量的关键工作，所以提高岩土工程勘察和施工处理技术水平，对整个建筑工程来说都有重要意义。岩土工程勘察的主要任务包括以下几个方面。任何建筑物具备的形状特征以及建筑物构造时的形式，都有其独特的一面。建筑物的尺寸、预计埋置的深度等不尽相同，因此对建筑工程地基勘察提出了更高要求。通过地基的勘察反馈资料获得不良地质现象的原因，不良地质的存在类型分布的范围以及不良地质的危害程度，等等，提出整治的具体措施，获取标明坐标和地形的建筑物的平面构图。应该根据地震多发区域的土地类型，对整个建筑场地的类别详细划分等级。当抗震设防的烈度要求高于七度的时候，对饱和的地震液化要测定和计算出液化的指数，以便完成建筑场地和地基的地震效应的整体评价工作及划分土地的类型进行地震效应评价。做好地下水埋藏状况的查明工作。若建筑基坑的降水设计没有完全查明水位变化，则必须从地基的勘察工作入手，对环境水和土鉴定，分析地下水对建筑材料，尤其建筑所用金属材料的腐蚀性，掌握整个建筑物地下水的类型、地下水的埋藏深度、地下水的动态以及化学成分等情况，最后制订具体的整治措施。通过对建筑地基的勘察工作，做好深基坑开挖前所需要的各种技术参数准备，目的是使建筑物深基坑的开挖提供计算以及支护时候所需技术参数的调查，从而更好地为深基坑的开挖对周边工程影响进行论证和评价。对于工程的承载力以及变形时的参数计算，提出地基、建筑基础设施以及施工过程的注意事项及对不良地质问题的处理建议可行性方法。

《岩土勘察技术方法》结合工作实践，通过岩土勘察任务、施工技术特点、施工处理技术等方面，对岩土工程勘察和施工处理技术进行了探讨。作为岩土勘察工作者应当抓住机遇，积累经验，不断创新，从而更好地服务于社会。

著　者

2022 年 6 月

目　录

第一章　岩土工程勘察概述

第一节　岩土工程的含义

岩土工程设计，是指在岩土工程勘察活动完成后，根据业主方的总体要求以及场地性质、环境特征和岩土工程条件所进行的桩基工程、地基工程、边坡工程、基坑工程等岩土工程范畴的方案设计与施工图设计等。

一、岩土工程的内涵

岩土工程设计的内涵，就是以最少的投资和最短的工期，达到设计使用年限内工程结构的安全运行，并满足其所有的预定功能，包括预定功能要求、安全性和耐久性要求、投资和工期的经济性要求三个方面。

欲实现以上三方面的要求，设计时应以地质过程分析为指导思想，以“变形→破坏”作为研究工程问题的主要思路。需纳入考虑的因素包括设计使用年限内预定的功能、场地条件、岩土性质及其变异性、工程结构特点、施工环境，相邻工程的影响、施工技术条件，设计实施的可行性、地方材料资源和投资及工期，等等。

另外，岩土工程的设计也需要多方面基础数据，随具体工程的需要而异，主要包括以下几个方面的材料：地形、水文、气象资料；岩土工程勘察数据；建筑结构数据；其他数据。

岩土工程设计应以最少的投资、最短的工期，达到在设计使用年限内安全运行，并满足所有预定功能，且具有以下三个特性。

第一，对自然条件的依赖性。岩土工程与自然界的关系极为密切，设计时必须全面考虑气象、水文、地质、地下条件及其动态变化，包括可能发生的自然灾害以及由于兴建工程改变自然环境而引起的灾害，必须特别重视调查研究，做好岩土工程勘察工作。

第二，岩土性质的不确定性。岩土参数是随机变量。不同的测试方法会得到不同的测试值。其差异往往相当大，相互之间无确定的关系。故在进行岩土工程设计时，不仅要掌握岩土参数及其概率分布，而且要了解测试的方法及测试条件与工程原型条件之间的差别。

第三，注重经验特别是地方经验。近代土力学与岩石力学的建立，为岩土工程的计算和分析提供了坚实的理论基础。但由于岩土性质的复杂多变以及岩土与结构相互作用的复杂性，不得不做简化，以致预测和实际之间有时相差甚远。鉴于岩土工程计算的不完善，工程经验特别是地方经验，在岩土工程设计中应予以高度重视。

二、岩土工程的外延

岩土作为地基体，作为支撑体，主要是岩土体承载力和变形，部分也涉及地基处理问题。岩土作为自承体和荷载。边坡工程、基坑工程、地面开挖，隧道、地下洞室等地下开挖，面临的是另一类岩土体自身稳定和变形问题。这时，岩土体担任的角色，是荷载，也是自承体。岩土作为工程材料，例如，填方工程，特别是大面积填方，要用大量岩土作为材料。岩土体由于自身性能结构的不同，也可能是地质灾害的主体危害因素，防治工程必须针对场地岩土体的具体条件进行设计和施工。此外，可以通过排水、压实、加筋、改性、注浆、锚定、设置增强体等方法，改变岩土体的强度、变形和渗透性能。岩土加固和改良是岩土工程的重要组成。其也可以归结于岩土工程的范畴中，甚至地质环境保护也可以归于岩土工程。环境条件是岩土工程设计必须考虑的重要因素。环境条件越严，可选的方案就越少。

岩土工程中无论选择何种设计方案，一般都有其优点和缺点，有其适用的一面，又可能存在某些负面影响。例如，城市中不能采用噪声大的锤击式预制桩和沉管式灌注桩；泥浆污染城市，某些注浆材料污染地下水；有些施工方法影响人体健康；地下开挖和深基坑开挖时，大量抽排地下水，会严重浪费宝贵的水资源，不符合可持续发展原则；降落漏斗使邻近工程产生附加沉降；等等。二者之间矛盾的调和与解决，或为岩土工程今后发展的主要方向。

三、岩土工程需要的前期知识

正确理解岩土体的特点及变形破坏机理，是合理并有效地应用岩土设计的前提，所以学习岩土工程设计之前应该储备的前期知识主要有以下几个方面。

工程岩土学：岩石和土都是经地质作用形成的自然历史产物。但两者的工程地质性质截然不同，岩石中矿物颗粒间有牢固的结晶联结或胶结联结，因而岩石强度高，在外力作用下变形小，土的颗粒之间联结微弱或无联结，故强度低，易变形。岩体、土体是由固相、液相、气相组成的多相体系。岩体、土体的工程性质是由其固、液、气相三者的质和量及其相互作用的情况来决定的。岩体、土体在小范围内可近似看作均质的和各向同性的介质。但在较大范围内，由于岩体、土体有各种不连续面，表现出非均质性和各向异性的特点。因此，岩体、土体的性质更重要的是与其自身结构有关。位于地壳表层的岩体和土体在人类工程经济活动中或是作为建筑地基、建筑环境（地下洞室、边坡工程），或是作为建筑材料。因此，工程岩土学在保证各类工程建设的合理设计、顺利施工、持久稳定和安全运营方面具有重要意义。

岩土力学与岩体力学：岩土力学课程是土木工程专业的一门十分重要的技术基础课。它的目的是使学生获得有关岩土力学学科的基本理论、基本知识和基本技能。它的任务是为后续课程，如地基基础与地基处理、岩土工程设计等专业课程提供岩土力学基本知识，也为从事岩土科学技术的专门研究奠定必要的理论基础。学生必须牢固掌握岩土的基本概念与基本原理；掌握岩土的物理力学性质、强度变形计算、稳定性分析、挡土墙及基坑围护的设计与计算、地基承载力等岩土力学基本理论与方法，从而能够应用这些基本理论与基本原理，结合有关交通土建、建筑工程、土木工程的理论知识和施工知识，分析和解决岩体工程及地基基础问题。

结构力学：研究结构在荷载等因素作用下的内力和位移计算。在此基础上再与相关后续专业课程知识进行连接，即可进行结构设计或结构验算，所以，结构力学为学习岩土设计提供了必要的基本理论和计算方法。

工程地质学：它是研究与人类工程建筑等活动有关的地质问题的学科，属于地质学的一个分支。工程地质学的研究目的在于查明建设地区或建筑场地的工程地质条件，分析、预测和评价可能存在和发生的工程地质问题及其对建筑物和地质环境的影响和危害，提出防止不良地质现象的措施，为保证工程建设的合理规划以及建筑物的正确设计、顺利施工和正常使用，提供可靠的地质科学依据。所以，学习工程地质学之后对岩土工程设计具有很大的帮助。

混凝土结构设计原理：内容主要包括混凝土结构材料的物理力学性能，混凝土结构设计的基本原则，受弯构件正截面、斜截面承载力计算，受压、受拉构件截面承载力计算，受扭构件扭曲截面受扭承载力计算，钢筋混凝土构件的变形、裂缝及混凝土结构的耐久性，预应力混凝土构件设计，等等。钢筋、混凝土是岩土工程施工的主要材料，混凝土结构岩土工程设计的主要手段，所以在学习岩土工程设计前有必要学习混凝土结构设计原理这门课程。

地基处理与基础工程：包括地基土的物理性质及工程分类；地基中的应力；地基变形计算；土的抗剪强度和地基承载力；土压力与土坡稳定；地质勘察；天然地基上浅基础设计；桩基础及其他深基础；软弱地基及处理；土工试验。本门课程是岩土工程的主干课程，与岩土工程设计关系紧密，都属于设计课程，应在学习岩土工程设计之前学习。

第二节　岩土工程的基本概念

一、岩土工程与工程地质的定义

（一）岩土工程

岩土工程学科属于一门新兴学科，这门学科综合了岩土的相关材料，使用了环境学、岩土力学等学科，并且对以上学科进行了改造与整治。总的来说，岩土工程学科理论基础中包括了地质学、力学、地基基础工程学、岩石力学等，而这一学科创办的主要目的在于解决所有和岩土相关的技术性问题，属于一门专业性较强的岩土专业学科。

一般来说，岩土工程的使用需要贯穿整个工程过程中，从场地调查开始，分析论证、施工管理、环境检测、信息反馈都属于这一学科的实际内容。在相关技术的约束下，岩土工程可以采用各种信息技术以及全新的勘探技术来对施工处的地质情况进行勘测，并且这一学科也可以对地质信息进行分析，从而制订更加合理的施工方案。岩土工程的设计主要目的是加固地基、处理桩基、建立排水、支护边坡等。在治理的过程中：包括地基加固的处理工程、地下工程加固、防渗工程基坑、边坡支护等方面，这表示一般来说的施工问题都属于岩土工程学科当中，土木工程建筑材料也需要通过这一学科的相关知识进行管理。由于施工过程中地质情况形成原因较为复杂，因此复杂的地质变化就导致岩土工程形成了较为多样与复杂的现状，因此岩土工程较为复杂的知识来源能够有效解决绝大多数的问题。例如，岩土工程中的岩土力学可以处理工程中的受力分析问题，而土木工程知识可以处理好建筑物与岩土工程之间的关系。

图 1–1 为岩土工程中包含的几大理论以及岩土工程承担的工作范围。

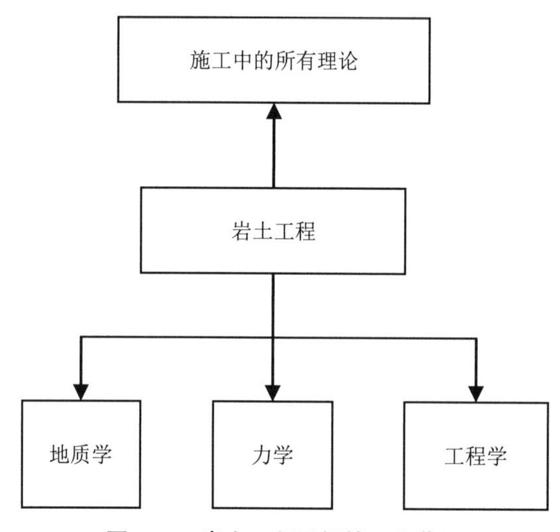

图 1–1　岩土工程承担的工作范围

（二）工程地质

国内外有众多研究工程地质学科的人员出现，其主要意义就是解决不同地质环境带来的复杂施工方案问题，同时对于不同地质情况可能会出现的问题也都罗列出相应的处理方式。在学科分类方面，工程地质学属于地质学科中的一个分支，主要研究方向在于解决工程地质施工过程中地质环境带来的影响，并且需要采用相关方式来提升工程基础使用寿命。针对工作方式的不同，对于地质体产生的影响和负荷也各不相同，这就代表会出现各种各样的岩土地质复杂问题。

在工程地质工程施工过程中，主要的地质问题有：地震、山体滑坡、泥石流、崩塌等。因此，需要使用工程地质的相关知识来对施工环境进行处理，从而更好地提升施工安全性，例如，在地基基坑施工过程中需要加强深基坑支护工作，同时还需要注意加强地基承载力。这些都是在施工中可能会出现的地质问题，而这些地质问题不仅容易造成严重的经济损失，而且有可能对人民的生命安全造成威胁，因此，需要注意对这方面加强防护。工程地质专业学科的发展在很大程度上讲，能够对工程地质相关数据进行分析，从而解决由于地质问题而产生的灾害。

（三）岩土力学

岩土力学主要是使用工程力学的相关理念来研究岩土的力学性质，主要的研究对象是人类经常接触的以及和人类生活密切相关的土体，包括人工土体和自然土体两种。岩土力学在地基建设、挡土墙建设、土木建筑物建设、堤坝建设的过程中得到了应用，属于土木工程、岩土工程、工程地质的分支学科。这一学科的研究方向非常广泛，上到天然土体的稳定性，下到人工土体的建设方式，都属于这一学科的涉及范围。由于土体属于一种地质体，这就决定了这一学科的发展以及研究需要站在地质学的角度上进行实验与力学分析（见图 1–2）。

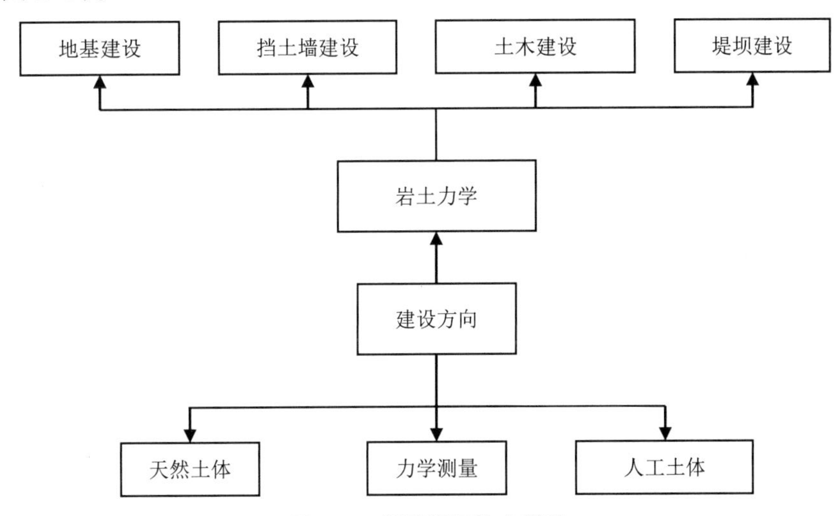

图 1–2　常用锚固技术类型

未来在岩土工程建设过程中，岩土力学占据了非常重要的位置，几乎可以说是岩土工程建设的实践理论基础。

二、岩土力学与工程地质之间的关系

（一）大致关系归纳

众多学者关注以及研究之后，对岩土力学和工程地质之间的关系进行了分析与研究，得出两者之间的结构大体如下。

首先，工程地质与岩土力学属于同一学科，两者的理论体系相互交融、互相支撑。

其次，岩土力学与工程地质之间的关系属于理论与实践之间的关系，岩土工程的相关知识更偏向于理论化，而工程地质相关知识则更偏向于实践化。

最后，则是岩土力学主要将岩土体看作建筑材料，同时也将地基、介质、环境等看作主要的施工工程方向。也就是说，岩土工程将基础工程和地下工程设定为主要的研究方向，在研究的过程中主要偏向于这两方面。

（二）在地质类型上岩土工程、工程地质与岩土力学之间造成的影响

岩土工程属于一个较为完整的大学科，主要的应用范围在于施工方面，而工程地质则是会对施工水平产生影响的一个先决条件，至于岩土力学则是岩土工程的实践理论支撑。以硬度和地质强度来将之进行划分，表 1–1 为岩土工程地质类型强度分类表。

表 1–1　岩土工程地质类型强度分类表

级别		干抗（kg/cm^2）	软化系数
坚硬岩		＞ 800	＞ 0.8
较坚硬岩	软硬相间岩	800~300	0.8~0.6
软弱岩		＜ 300	＜ 0.6

无论是坚硬岩，还是软弱岩，在实际施工过程中都需要对其进行分析，从而制订出更好的施工方案。而岩土力学能够对不同硬度的岩石进行分析，从而选择出最合适的施工方案，保障施工安全。而决定了不同岩石硬度的主要理论就是工程地质，最终进行施工，过程中涉及的所有理论，都属于岩土工程。这就是三者之间的关系以及具体使用方法，相关理论人员需要针对这一点进行分析。例如，在崩塌防治方面，需要在山体出现相应情况时及时对岩体进行加固处理。当下，我国防治崩塌灾害的主要技术有排水、锚固、拦截、支挡、打桩、护墙等，根据滑坡位置的特点选择具有针对性的治理技术，能够在防灾减灾的同时提升生态环境质量，而这就需要拥有岩土力学方面的知识。

三、岩土的工程分类

岩土的工程分类是岩土工程勘察和设计的基础，从工程角度来说，岩土分类就是系统地把自然界中不同的岩土根据工程地质性质的相似性分别划分到各个不同的岩土组合中去，以使人们有可能依据同类岩土一致的工程地质性质去评价其性质或提供人们一个比较确切的描述岩土的方法。

（一）分类的目的、原则和分类体系

土的分类体系就是根据土的工程性质差异将土划分成一定的类别，目的在于通过通用的鉴别标准，便于在不同土类间做有价值的比较、评价、积累以及学术与经验的交流。分类原则如下。

分类要简明，既要能综合反映土的主要工程性质，又要测定方法简单，使用方便；

土的分类体系所采用的指标要在一定程度上反映不同类工程用土的不同特性。

岩体的分类体系有。

建筑工程系统分类体系侧重作为建筑地基和环境的岩土，例如，《建筑地基基础设计规范》（GB 50007—2011）地基土分类方法、《岩土工程勘察规范》（GB 50021—2001）岩

土的分类。

工程材料系统分类体系侧重把土作为建筑材料，用于路堤、土坝和填土地基工程。研究对象为扰动土，例如，《土的分类标准》（GBJ 145—90）工程用土的分类和《公路土工试验规程》（JTJ 051—93）土的工程分类。

（二）分类方法

1. 岩石的分类和鉴定

在进行岩土工程勘察时，应鉴定岩石的地质名称和风化程度，并进行岩石坚硬程度、岩体结构、完整程度和岩体基本质量等级的划分。

岩石按成因可划分为岩浆岩、沉积岩、变质岩等类型。

岩石质量指标（RQD）用直径为75mm的金刚石钻头和双层岩芯管在岩石中钻进，连续取芯，回次钻进所取岩芯中，长度大于10cm的岩芯段长度之和与该回次进尺的比值，以百分数表示（见表1–2）。

表1–2 岩石质量指标的划分

岩石的质量指标	好的	较好的	比较差的	差的	极差的
RQD	＞90%	75%~90%	50%~75%	25%~50%	＜25%

岩石按风化程度可划分为六个级别，见表1–3。

表1–3 岩石按风化程度分类

风化程度	业务特征	风化程度参数指标	
		波速比 K_v	风化系数 K_f
未风化	岩质新鲜、偶见风化痕迹	0.9~1.0	0.9~1.0
微风化	结构基本未变，仅节里面有渲染，或略有变形，有少量风化痕迹	0.8~0.9	0.8~0.9
中等风化	结构部分变化，沿节理有次生矿物，风化裂隙发育，岩体被切割成岩块。用镐难挖，用岩芯钻进方可钻进	0.6~0.8	0.4~0.8
强风化	结构大部分被破坏，矿物部分显著变化，风化裂发育，岩体破碎。可用镐挖，干钻不易钻进	0.4~0.6	＜0.4
全风化	结构基本破坏，但尚可确认，有残余结构强度，可用镐挖，干钻可钻进	0.2~0.4	—
残积土	组织结构全部破坏，已风化成土状，镐易挖掘，干钻易钻进，具有可塑性	＜0.2	—

岩体按结构可分为五大类（表1–4）。

表1–4 岩体按结构类型划分

岩体结构类型	岩体地质类型	结构面形状	结构面发育情况	岩体工程特征	可能发生的岩体工程问题
整体状结构	巨块状岩浆岩和变质岩，巨厚层沉积岩	巨块状	以层面和原生、构造节理为主，多呈闭合性，间距大于1.5m，一般为1~2组，无危险结构面	岩体稳定，可视为均质弹性各向同性体	局部滑动或坍塌，深埋洞室的岩爆
块状结构	厚层状沉积岩，块状沉积岩和变质岩	块状柱状	有少量贯穿性节理裂隙，节理面间距0.7~1.5m，一般有2~3组，有少量分离体	结构面相互牵制，岩体基本稳定，接近弹性各向同性体	

续表

岩体结构类型	岩体地质类型	结构面形状	结构面发育情况	岩体工程特征	可能发生的岩体工程问题
层状结构	多韵律薄层、中厚层状沉积岩，副变质岩	层状板状	有层理、片理、节理，常有层间错动带	变形和强度受层面控制，可视为各向异性弹塑性体，稳定性较差	可沿结构面滑塌，软岩可产生塑性变形
碎裂结构	构造影响严重的破碎岩层	碎块状	断层、节理、片理、层理发育，结构面间距0.25~0.50m，一般3组以上，有许多分离体	整体强度较低，并受软弱结构面控制，呈弹塑性体，稳定性差	易发生规模较大的岩体失稳，地下水加剧失稳
散体状结构	断层破碎带，强风化及全风化带	碎屑状	构造和风化裂隙密集，结构面错综复杂，多充填黏性土，形成无序小块和碎屑	完整性遭极大破坏，稳定性极差，接近松散介质	易发生规模较大的岩体失稳，地下水加剧失稳

岩石坚硬程度、岩体完整程度和岩体基本质量等级的划分，应分别按表1–6~表1–9执行。岩石的坚硬程度等级可按表1–5定性划分。

表1–5　岩石按坚硬程度等级定性划分

名称		定性鉴定	代表性岩石
硬质岩	坚硬岩	捶击声清脆，有回弹，震手，难击碎，基本无吸水反应	微风化–微风化的：花岗岩、闪长岩、辉绿岩、玄武岩、安山岩、片麻岩、石英岩、石英砂岩、硅质砾岩、硅质石灰岩等
	较坚硬岩	捶击声较清脆，有轻微回弹，稍震手，较难击碎，有轻微吸水反应	弱风化的坚硬岩：未风化–微风化凝灰岩、大理岩、板岩、白云岩、石灰岩、钙质胶结砂岩等
软质岩	较软岩	捶击声不清脆，无回弹，较易击碎，浸水后，指甲可刻出指痕	强风化坚硬岩；弱风化较坚硬岩；微风化–微风化：千枚岩、页岩等
	软岩	捶击声哑，无回弹，有凹痕，易击碎，浸水后，手可掰开	强风化坚硬岩；弱风化–强风化得较坚硬岩；弱风化较软岩；微风化的泥岩
	极软岩	捶击声哑，无回弹，有较深凹痕，手可捏碎，浸水后，手可捏成团	全风化的各种岩石；各种未成岩

岩石的坚硬程度等级可根据岩块的饱和单轴抗压强度 *frcs* 定量分类（表1–6）。

表1–6　岩石坚硬程度的定量分类

坚硬程度类别	坚硬岩	较硬岩	较软岩	软岩	极软岩
饱和单轴抗压强度 *frcs*（MPa）	$frcs > 60$	$30 < frcs \leqslant 60$	$15 < frcs \leqslant 30$	$5 < frcs \leqslant 15$	$frcs \leqslant 5$

岩体的完整性程度等级可按野外鉴定特征定性划分（表1–7）。

表1–7　岩体的完整性程度等级定性划分

名称	结构面发育程度		主要结构面的结合程度	主要结构面类型	相应结构面类型
	组数	平均间距（m）			
完整	1~2	> 1.0	结合好或结合一般	裂隙、层面	整体状或厚层状结构
较完整	1~2	> 1.0	结合差	裂隙、层面	块状或厚层状结构
	1~2	1.0~0.4	结合好或一般		块状结构
较破碎	2~3	1.0~0.4	结合差	裂隙、层面小断层	镶嵌碎裂结构
	⩾ 3	0.4~0.2	结合好		中、薄层状结构
			结合一般		裂隙块状结构

续表

名称	结构面发育程度		主要结构面的结合程度	主要结构面类型	相应结构面类型
	组数	平均间距（m）			
破碎	≥ 3	0.4~0.3	结合差	各种类型结构面	裂隙块状结构
		≤ 0.2	结合一般或结合差		碎裂状结构
极破碎	无序		结合很差	—	散体状结构

岩体的完整性程度等级按表 1–8 定量划分。

表 1–8　岩体的完整性程度等级定量划分

完整程度等级	完整	较完整	较破碎	破碎	极破碎
完整性系数	＞ 0.75	0.75~0.55	0.55~0.35	0.35~0.15	＜ 0.15

注：完整性系数为岩体压缩波速度与岩块压缩波速度之比的平方，选定岩体和岩块测定波速时应注意代表性。

岩体基本质量等级要依据岩石的坚硬程度等级和岩体的完整程度等级来划分，见表 1–9。

表 1–9　岩体基本质量等级的划分

坚硬程度	完整程度				
	完整	较完整	较破碎	破碎	极破碎
坚硬岩	Ⅰ	Ⅱ	Ⅲ	Ⅲ	Ⅴ
较坚硬岩	Ⅱ	Ⅲ	Ⅲ	Ⅲ	Ⅴ
较软岩	Ⅲ	Ⅲ	Ⅲ	Ⅴ	Ⅴ
软岩	Ⅲ	Ⅲ	Ⅴ	Ⅴ	Ⅴ
极软岩	Ⅴ	Ⅴ	Ⅴ	Ⅴ	Ⅴ

2. 地基土的分类和鉴定

地基土的分类可按成沉积时代、地质成因、有机质含量及土粒大小、塑性指数划分为如下几类。

土按沉积时代划分：晚更新世 Q_3 及其以前沉积的土，应定为老沉积土；第四纪全新世中近期沉积的土，应定为新近沉积土。

根据地质成因，可划分为残积土、坡积土、洪积土、冲积土、淤积土、冰积土和风积土等。

土根据有机质含量分类，应按表 1–10 执行。

表 1–10　土根据有机质含量分类

分类名称	有机质含量 W_u（%）	现场鉴定特征	说明
有机质土	$5\% \leqslant W_u \leqslant 10\%$	深灰色，有光泽，味臭，除腐殖质外尚含有少量未完全分解的动植物体，浸水后水面出现气泡，干燥后体积收缩	如现场能鉴定或由地区经验时，可不做有机质的含量测定
			当 $w > w_L$，$1.0 \leqslant e < 1.5$ 时称为淤泥质土
			当 $w > w_L$，$e \geqslant 1.5$ 时，称为淤泥

续表

分类名称	有机质含量 W_u（%）	现场鉴定特征	说明
泥炭质土	$10\% < W_u \leq 60\%$	深灰色或黑色，有腥臭味，能看到未完全分解的植物结构，浸水体胀，易崩解，有植物残渣浮于水中，干缩现象明显	可根据地区特点和需要，按 W_u 细分为： 弱泥炭质土（$10\% < W_u \leq 25\%$） 中泥炭质土（$25\% < W_u \leq 40\%$） 强泥炭质土（$40\% < W_u \leq 60\%$）
泥炭	$W_u > 60\%$	除有泥炭质土特征之外，结构松散，土质很轻，暗无光泽，干缩现象极为明显	—

根据土粒大小、土的塑性指数把地基土分为碎石土、砂土、粉土和黏性土四大类。

碎石土的分类。粒径大于2mm的颗粒含量超过全重50%的土称为碎石土（见表1–11）。

表1–11　碎石土的分类

土的名称	颗粒形状	颗粒级配
漂石	圆形及亚圆形为主	粒径大于200mm的颗粒含量超过全重50%
块石	棱角形为主	
卵石	圆形及亚圆形为主	粒径大于20mm的颗粒含量超过全重50%
碎石	棱角形为主	
圆砾	圆形及亚圆形为主	粒径大于2mm的颗粒含量超过全重50%
角砾	棱角形为主	

注：定名时应根据颗粒级配由大到小以最先符合者确定。

砂土的分类。粒径大于2mm的颗粒含量不超过全重50%的土，且粒径大于0.075mm的颗粒含量超过全重50%的土称为砂土（见表1–12）。

表1–12　砂土的分类

土的名称	颗粒级配
砾砂	粒径大于2mm的颗粒含量占全重25%~50%
粗砂	粒径大于0.5mm的颗粒含量超过全重50%
中砂	粒径大于0.25mm的颗粒含量超过全重50%
细砂	粒径大于0.075mm的颗粒含量超过全重85%
粉砂	粒径大于0.075mm的颗粒含量超过全重50%

注：定名时应根据颗粒级配由大到小以最先符合者确定。

粉土的分类粒径大于0.075mm的颗粒含量超过全重50%，塑性指数 $IP \leq 10$ 的土称为粉土。

黏性土的分类粒径大于0.075mm的颗粒含量不超过全重50%，塑性指数 $IP > 10$ 的土称为黏性土。黏性土根据塑性指数细分（见表1–13）。

表1–13　黏性土的分类

土的名称	塑性指数
黏土	$IP > 17$
粉质黏土	$10 < IP \leq 17$

注：塑性指数由相应于76g圆锥体沉入土样中深度为10mm测定的液限计算而得。

特殊土的分类。对特殊成因和年代的土类应结合其成因和年代特征定名，特殊性土除应描述上述相应土类规定的内容外，尚应描述其特殊成分和特殊性质；如对淤泥尚须描述嗅味，对填土尚须描述物质成分、堆积年代、密实度和厚度的均匀程度等。

土的密实度鉴定。碎石土的密实度可根据圆锥动力触探锤击数按表 1–14 或表 1–15 确定，表中的 $N_{63.5}$ 和 N_{120} 应进行杆长修正，定性描述可按表 1–16 的规定执行。

表 1–14　碎石土密实度按 $N_{63.5}$ 分类

重型动力触探捶击数 $N_{63.5}$	密实度	重型动力触探捶击数 $N_{63.5}$	密实度
$N_{63.5} \leqslant 5$	松散	$10 < N_{63.5} \leqslant 20$	中密
$5 < N_{63.5} \leqslant 10$	稍密	$N_{63.5} > 20$	密实

注：本表适用于平均粒径小于或等于 50mm，且最大粒径小于 100mm 的碎石土，对于平均粒径大于 50mm，或最大粒径大于 100mm 碎石土，可用超重型动力触探或野外观察鉴别。

表 1–15　碎石土密实度按 N_{120} 分类

重型动力触探捶击数 N_{120}	密实度	重型动力触探捶击数 N_{120}	密实度
$N_{120} \leqslant 3$	松散	$11 < N_{120} \leqslant 14$	密实
$3 < N_{120} \leqslant 6$	稍密	$N_{120} > 14$	很密
$63 < N_{120} \leqslant 11$	中密	—	—

碎石土密实度野外鉴别见表 1–16。

表 1–16　碎石土密实度野外鉴别

密实度	骨架颗粒含量和排列	可挖性	可钻性
松散	骨架颗粒含量小于总质量的，排列混乱，大部分不接触	锹可以挖掘，井壁易坍塌，从井壁取出大颗粒后，立即崩落	钻进较易，钻杆稍有跳动，孔壁易坍塌
中密	骨架颗粒含量等于总质量的，呈交错排列，大部分接触	锹镐可以挖掘，井壁有掉块现象，从井壁取出大颗粒处，能保持凹面形状	钻进较困难，钻杆、吊锤跳动不剧烈，孔壁有坍塌现象
密实	骨架颗粒含量大于总质量的，呈交错排列，连续接触	锹镐挖掘困难，用撬棍方能松动，井壁较为稳定	钻进困难，钻杆、吊锤跳动不剧烈，孔壁较稳定

注：密实度应按表列各项特征综合确定。

砂土的密实度应根据标准贯入试验锤击数实测值 N 划分为密实、中密、稍密和松散，并应符合表 1–17 的规定。当用静力触探探头阻力划分砂土密实度时，可根据当地经验确定。

表 1–17　砂土密实度分类

标准贯入捶击数 N	密实度	标准贯入捶击数 N	密实度
$N \leqslant 10$	松散	$105 < N \leqslant 30$	中密
$10 < N \leqslant 15$	稍密	$N > 30$	密实

粉土的密实度应根据孔隙比 e 划分为密实、中密和稍密；其湿度应根据含水量 w（%）划分为稍湿、湿、很湿。密实度和湿度的划分应分别符合表 1–18 和表 1–19 的规定。

表 1-18　粉土密实度分类

孔隙比 e	密实度
$e < 0.75$	密实
$0.75 \leqslant 10e \leqslant 0.90$	中密
$e > 0.9$	稍密

表 1-19　粉土湿度分类

含水量 w	湿度
$w < 20$	稍湿
$20 \leqslant w \leqslant 30$	湿
$w > 30$	很湿

黏性土的状态应根据液性指数 I_L 划分为坚硬、硬塑、可塑、软塑和流塑，并符合表 1-20 的规定。

表 1-20　黏性土的状态分类

液性指数	状态	液性指数	状态
$I_L \leqslant 0$	坚硬	软塑	$0.75 < I_L \leqslant 1$
$0 < I_L \leqslant 0.25$	硬塑	流塑	$I_L > 1$
$0.25 < I_L \leqslant 0.75$	可塑	—	—

第三节　我国岩土工程勘察的现状

一、岩土工程勘察的概念

岩土工程勘察是指根据建设工程的要求，查明、分析、评价建设场地的地质、环境特征和岩土工程条件，编制勘察文件的活动。

（一）概念

岩土工程勘察是指根据建设工程的要求，查明、分析、评价建设场地的地质、环境特征和岩土工程条件，编制勘察文件的活动。

岩土工程勘察的目的是：运用测试手段和方法对建筑场地进行调查研究和分析判断，研究修建各种工程建筑物的地质条件和建设对自然地质环境的影响；在研究地基、基础及上部结构共同工作时，要保证地基强度、稳定性以及使其不致有不允许变形的措施；提出地基的承载能力，提供基础设计和施工以及必要时进行地基加固所需用到的工程地址和岩土工程资料。

综上所述，建设场地和地基的岩土工程勘察也是综合性的工程地质调查，其基本任务主要是：查明建筑区的地形、地貌、气象和水文等自然条件。

研究厂区内的崩塌、滑坡、岩溶、岸边冲刷等不良地质现象，分析和判明对建筑场地稳定性的危害程度。

查明地基岩土层的构造、形成年代、成因、土质类型及其埋藏分布情况。

查明地下水类型、水质及埋深、分布与变化情况。

按照设计和施工要求对场地和地基的工程地质条件进行综合的岩土工程评价，提出合理的结论和建议。

对不利于建筑的岩土层提出切实可行的处理方案。

（二）工程勘察

若勘察工作不到位，不良工程地质问题将揭露出来，即使上部构造的设计、施工达到了优质也不免遭受破坏。不同类型、不同规模的工程活动都会给地质环境带来不同程度的影响；反之，不同的地质条件又会给工程建设带来不同的效应。岩土工程勘察的目的主要是查明工程地质条件，分析存在的地质问题，对建筑地区做出工程地质评价。

岩土工程勘察的任务是按照不同勘察阶段的要求，正确反映场地的工程地质条件及岩土体形态的影响，并结合工程设计、施工条件以及地基处理等工程的具体要求，进行技术论证和评价，提交处理岩土工程问题及解决问题的决策性建议，并提出基础、边坡等工程的设计准则和岩土工程施工的指导性意见，为设计、施工提供依据，服务于工程建设的全过程。

岩土工程勘察应分阶段进行。岩土工程勘察可分为可行性研究勘察（选址勘察）、初步勘察和详细勘察三阶段，其中可行性研究勘察应符合场地方案确定的要求；初步勘察应符合初步设计或扩大初步设计的要求；详细勘察应符合施工设计的要求。

根据勘察对象不同，可分为：水利水电工程（主要是指水电站、水工构造物的勘察）、铁路工程、公路工程、港口码头、大型桥梁及工业、民用建筑等。由于水利水电工程、铁路工程、公路工程、港口码头等工程一般比较重大、投资造价及重要性高，国家分别对这些类别的工程勘察进行了专门分类，编制了相应的勘察规范、规程和技术标准等，通常这些工程的勘察称工程地质勘察。因此，通常所说的“岩土工程勘察”主要是指工业、民用建筑工程的勘察，勘察对象主体主要包括房屋楼宇、工业厂房、学校楼舍、医院建筑、市政工程、管线及架空线路、岸边工程、边坡工程、基坑工程、地基处理等。

岩土工程勘察的内容主要有：工程地质调查和测绘、勘探及采取土试样、原位测试、室内试验、现场检验和检测。最终根据以上几种或全部手段，对场地工程地质条件进行定性或定量的分析评价，编制满足不同阶段所需的成果报告文件。

（三）岩土工程勘察技术对象及主要任务与目的意义

根据勘察对象的不同，可分为：城市民用建筑、水利水电工程、铁路工程、市政与交通工程、港口码头、大型桥梁及工业基地等。通常所说的“岩土工程勘察”主要是指城市民用建筑及工业基地和市政交通工程的勘察，勘察对象主体主要包括工业厂房、学校楼舍、医院建筑、市政工程、房屋楼宇、边坡工程、基坑开挖工程、地基处理等。

岩土工程勘察主要涉及如下六方面的任务。

对实际民用建筑或工业基地等场地土层情况的“反算”（落实从勘察工作中获取的数据推求出的结论与现场实际情况的相符性），提供可满足设计与施工所需的岩土力学参数。

对民用建筑或工业基地等场地内建筑总平面布置，提出地基基础、基坑支护和地基处理设计与施工方案的建议。

阐述用建筑或工业基地等场地的工程地质条件，评价场地内岩石与土体的稳定性和适宜性，提出对工程实施有影响的不良地质作用整治论证体方案及建议。

水文地质是岩土工程勘察工作中的重中之重，直接影响工程质量与施工进度，因此主要阐明工程范围内地下水活动条件和岩土体的分布状况，准确判断地下水与地表水之间的关系，并将所测量到的所有数据信息整合到一起，为施工和整治提供所需的岩土技术参数和地质材料。在工程施工和运行过程中，对周围建筑物和地质环境的影响进行预测，提出有效的解决方案或者保护措施。

岩土工程勘察是对未来土层发生病害的一种预测，在建筑与修复时必须预测引起土层发生病害的主因是否停止，如果停止，方可研究建筑物的修复，若仍在持续就必须先处理病害。这便是岩土勘察工作中针对处理病害工作所提出的先后次序问题，举足轻重。

岩土工程本身具有工期长、施工环境复杂等特点，为保证工程质量和施工进度及施工安全，就必须对岩石和土体资料以及相关的数据进行分析，而这些数据的获取就源于岩土勘探工作；它的目的主要是查明工程地质条件、分析存在的地质问题，对建筑地区做出工程地质评价。

（四）岩土工程勘察涉及的主要内容

按工程建设阶段划分，岩土勘察工作内容可以分为：岩土工程勘察、岩土工程设计、岩土工程治理、岩土工程监测、岩土工程检测，最终对场地工程地质条件进行定性或定量分析评价，编制满足不同阶段所需的成果报告文件。

二、岩土工程勘察的方法及其相互关系

岩土工程勘察的方法或技术手段，有以下几种：工程地质测绘、勘探与取样、原位测试与室内试验、现场检验与监测。

工程地质测绘是岩土工程勘察的基础工作，一般在勘察初期阶段进行。这一方法的本质是运用地质、工程地质理论，对地面的地质现象进行观察和描述，分析其性质和规律，并借以推断地下地质情况，为勘探、测试工作等其他勘察方法提供依据。在地形地貌和地质条件较为复杂的场地，必须进行工程地质测绘；但对地形平坦、地质条件简单且较狭小的场地，则可采用调查代替工程地质测绘。工程地质测绘是认识场地工程地质条件最经济、最有效的方法，高质量的测绘工作能相当准确地推断地下地质情况，起到有效指导其他勘察方法的作用。

勘探工作包括物探、钻探和坑探等各种方法，它是被用来调查地下地质情况的；并且

可利用勘探工程取样进行原位测试和监测，应根据勘察目的及岩土的特性选用上述各种勘探方法。

物探是一种间接勘探手段，它的优点是较之钻探和坑探轻便、经济而迅速，能够及时查明工程地质测绘中难以推断而又亟待了解的地下地质情况，所以常常与测绘工作配合使用。它又可作为钻探和坑探的先行或辅助手段。但是，物探成果判释往往具多解性，方法的使用又受地形条件等的限制，其成果需用勘探工程来验证。

钻探和坑探也称勘探工程，均是直接勘探手段，能可靠地了解地下地质情况，在岩土工程勘察中是必不可少的。其中，钻探工作使用最为广泛，可根据地层类别和勘察要求选用不同的钻探方法。当钻探方法难以查明地下地质情况时，可采用坑探方法。坑探工程的类型较多，应根据勘察要求选用。勘探工程一般都需要动用机械和动力设备，耗费人力、物力较多，有些勘探工程施工周期又较长，而且受到许多条件的限制。因此，使用这种方法时应具有经济观点，布置勘探工程需要以工程地质测绘和物探成果为依据，切忌盲目性和随意性。原位测试与室内试验的主要目的，是为岩土工程问题分析评价提供所需的技术参数，包括岩土的物性指标、强度参数、固结变形特性参数、渗透性参数和应力、应变时间关系的参数等。

原位测试一般都借助勘探工程进行，是详细勘察阶段一种主要的勘察方法。原位测试与室内试验相比，各有优缺点。原位测试的优点是：试样不脱离原来的环境，基本上在原位应力条件下进行试验；所测定的岩土体尺寸大，能反映宏观结构对岩土性质的影响，代表性好；试验周期较短，效率高；尤其是对难以采样的岩土层仍能通过试验评定其工程性质。缺点是：试验时的应力路径难以控制；边界条件也较为复杂；有些试验耗费人力、物力较多，不可能大量进行。室内试验的优点是：试验条件比较容易控制（边界条件明确，应力应变条件可以控制等）；可以大量取样。主要缺点是：试样尺寸小，不能反映宏观结构和非均质性对岩土性质的影响，代表性差；试样不可能真正保持原状，而且有些岩土也很难取得原状试样。

现场检验与监测是构成岩土工程系统的重要环节，大量工作在施工和运营期间进行。但是这项工作一般需在高级勘察阶段实施，所以又被列为一种勘察方法。它的主要目的在于保证工程质量和安全，提高工程效益。

现场检验的含义，包括施工阶段对先前岩土工程勘察成果的验证核查以及岩土工程施工监理和质量控制。现场监测则主要包含施工作用和各类荷载对岩土反应性状的监测、施工和运营中的结构物监测和对环境影响的监测等方面。

检验与监测所获取的资料，可以反求出某些工程技术参数，并以此为依据及时修正设计，使之在技术和经济方面进行优化。此项工作主要是在施工期间进行，但对有特殊要求的工程以及一些对工程有重要影响的不良地质现象，应在建筑物竣工运营期间继续进行。

随着科学技术的飞速发展，也应在岩土工程勘察领域中不断引进高新技术。例如，工程地质综合分析、工程地质测绘制图和不良地质现象监测中遥感（RS）、地理信息系统

（GIS）和全球卫星定位系统（GPS）即“3S”技术的引进；勘探工作中地质雷达和地球物理层成像技术（CT）的应用；等等。

三、我国岩土工程勘察的发展现状

岩土工程勘察技术研究进展综述岩土工程中经常包含巨大的土体，既有天然的土体，也有人工的土体，天然土体由于经历地质作用不同，土体性质也存在很大差异，而人工土体则与土体施工所采用的材料和施工方法不同而性质各异。所以，在岩土工程中，对土体的性质要进行详细的勘察，通过采样测试等对土体性质进行大概了解。岩土工程不同于其他工程，施工材料具有统一的生产标准和严格的规范，岩土工程施工的对象是巨大的土体，也不可能将所有施工范围挖开去察看其工程地址情况，所以，对于施工对象性质的判断，往往不能像其他工程那样精确，只能通过大量积累的经验和概率统计等方法进行预估。

而且，在对岩土工程采取样品进行性能测试时，对各种控制条件都有严格要求，这就使对施工对象的性质测试很难进行，给的控制条件不合适，就会使测试结果与实际性能有较大差别，而不能真实地反映工程地质情况。此外，岩土工程中各种力学性质的计算，也存在一定的适用条件，而复杂的地质条件则使这些条件很难完全满足，这就使计算结果往往存在误差，而且这些误差的来源以及误差的程度等，都难以估计，这些都加大了岩土工程勘察的难度。

（一）岩石工程勘察的发展历程

岩土工程的发展历史不仅可以追溯到人类有历史之前，甚至说地球上一有人类，就有岩土工程活动。只不过岩土工程形成一门专门学科，至今尚不足 100 年。人类发展的历史交织着岩土工程发展的历史，岩土工程的发展经历了以下四个阶段。

第一阶段岩土工程早期主要用于房屋建筑以及水利设施等的修建，与人类的生存发展息息相关。而且随着人类社会的不断发展，人类活动逐渐集中，使得岩土工程有了更多应用场所、道路的铺设、城墙的垒砌、桥梁的修建等，这些都与岩土工程有着密切关系，并且随着人们经验的积累和知识的进步，岩土工程施工技术等有了很大提高。虽然古人没有先进的仪器设备，但是古代各种宏伟秀美的建筑等智慧结晶，都表明古人对于岩土工程技术的理解和应用已经达到了一定的高度。

第二阶段工业革命推动着人类社会进入了工业化时代，也使得机器逐渐代替了人，大幅度提高了生产效率。岩土工程也受到工业革命的影响，出现了许多大型机械设备，使一些人力难以进行的施工工作可以由机器来代替，不但提高了工程效率，而且使一些大型岩土工程可以更好地实施。而且随着工业的发展，对于铁路、港口码头等的需求日益增加，使岩土工程有了更多用武之地，从而拓宽岩土工程的应用领域。新领域的应用也带来了一系列问题，从而推动了岩土工程技术的理论创新，人们攻克了一个又一个工程难题，使岩土工程迈入了新的发展阶段。

第三阶段，此时期始于太沙基发表《土力学》名著的 1925 年。在土力学理论不断获得发展和完善的同时，在相关学科科技进步以及世界各地社会经济总体不断增长的有力推动下，岩土工程不论在我国还是在世界范围，不论其类型、规模、数量或质量而言，都取得了前所未有的巨大进展，此时期可称为岩土工程学科的创建奠基和初具框架时期。

第四阶段进入 21 世纪，以电子计算机技术、航天技术、信息技术为代表的一系列现代高新技术的兴起，引发了人类历史上前所未有的一场科技革命。就我国而言，在新的世纪里将会出现史无前例的工程建设高潮，大量复杂的岩土工程问题亟须研究攻克，岩土工程的重要性必将更为突出，岩土工程学科必将出现新的突破。

（二）岩石勘察方案的制订

首先，要根据工程重要性、场地复杂程度和地基复杂程度确定岩土工程勘察等级，根据拟定的勘察纲要和确定的岩土工程勘察等级，并结合工程实际情况按照现行相关规范要求制定勘察方案。大型工业厂房建设工程建（构）筑物子项多，各子项工程的重要性和等级也各不相同，主体建筑物如主厂房、高炉等为二级工程，有的甚至是一级，而辅助设施如通廊和转运站等为三级工程，同一等级建筑物也有荷载大小的区别和对地基变形敏感程度不同之分，因此制订勘察方案时设计钻孔深度和孔间距也要根据规程规范要求和拟建（构）筑物情况区别对待。勘察方案制订要突出重点，尤其对勘探、取样、原位测试、试验的方法、手段及其工作量的计划一节既要详细又要有一定的可操作性，例如，对于钻孔的深度，首先确定哪些为控制性钻孔，哪些为一般性钻孔，再按岩土工程勘察等级来设计各钻孔钻探深度，同时应对各钻孔必须进入某地层深度进行明确，这样在钻探施工中，机台操作人员知道何时该终孔。由于动用人员设备较多，地层变化复杂，所以在大型工业厂房建设岩土工程勘察中对勘察方案进行技术交底显得尤为必要。如勘察方案中计划在某孔的冲击黏土层要取样测试，但实际可能没有遇到该层，取而代之是新出现的粉土地层，遇到这种特殊情况若事先未交代，作业人员则有时就无所适从。

在近代工业化过程中，以及在建厂房、开矿山、修铁路、兴水利等土木工程的实践中，涉及许多与岩土有关的问题，例如地基的承载能力、边坡的稳定性、地下水的控制、岩土材料的利用等。但岩土工程真正成为独立的专业，则不到半个世纪，正式传入我国只有二十几年。对岩土工程的内涵与外延，岩土工程与相邻专业的关系、岩土特性、岩土参数的不确定性及一些理论原理的不完善性和目前注册岩土工程师的职业，至今还有不同的认识。

（三）我国岩土工程勘察取得的成果

回顾我国推行岩土工程专业体制以来，已经取得了巨大进展，主要表现在以下几方面。

首先，我国已经能够基本解决技术要求高严、地质条件复杂的岩土工程问题。相应规范、规程的编制，标志着我国在这方面已经积累了丰富的经验，达到国际先进水平。

其次，勘察工作已从单一的钻探、取样、试验、提报告模式发展为多种测试手段、综合评价的模式。多功能静力触探、超重型动力触探、预钻式和自钻式旁压试验、螺旋板载荷试验、孔隙水压力测试、波速试验等新技术的迅猛发展，大大提高了地基评价水平。室内土工试验中高压固结试验和三轴压缩（剪切）试验的普遍应用，使土力学理论更进一步应用到勘察生产实践中。

另外，土的动力性质的试验也日益增多；桩的动力测试已经列入有关规范规程和手册中；表面波速法也开始在工程中得以应用；岩土测试的重要性已经越来越突出。

再次，勘察与设计、施工密切结合，初步形成了从勘察到设计、施工、监测，贯穿各个阶段的认识、实践、改造全过程。

最后，地基处理技术水平的大幅度提高。十多年来，为了满足工程建设的需要，引进、发展了多种地基处理技术，积累了相当丰富的经验。对第四纪松散地层、湿陷性黄土膨胀土、软土、填土、饱和松散粉细砂等各种不良地基，开发和应用了许多新的地基处理技术，这已成为岩土工程中的一项重要内容。

第二章　岩土工程勘察的基本要求

第一节　岩土工程勘察的目的

岩土工程勘察的目的是正确反映建设场地的岩土工程条件，评价岩土工程问题，并提出解决问题的方法和建议。勘察要坚持与设计、施工紧密结合，贯穿工程建设的全过程，确保工程质量。因此，岩土工程勘察应完成两项主要任务：为建设场地稳定性和适宜性进行评价，分析论证场地的地质构成、地下水状况—不良地质现象、环境工程地质条件、岩土的工程性状（包括特殊性岩土的情况），并预测岩土工程存在的问题和相应的防治措施等。为各类工程建筑场地提供工程岩土体的强度和变形等设计参数。论证分析地基基础方案、岩土工程治理措施，并预测建筑场地在施工阶段及工程竣工后应注意的问题和防护措施。

一、岩土工程勘察的目的与方法

岩土勘察的目的在于明确施工现场的具体地质状况，为建设工作的有序开展提供必要条件。通过岩土勘察，建设工作可以因地制宜地开展，在整个施工环节均做到对施工区域地质条件的准确把握，为建筑设计方案的确定奠定坚实基础，以充分发挥指导作用，加快我国建筑项目的建设进程。当前，岩土勘察主要采用三种勘察方法。

（一）钻探勘察法

在岩土层中利用专业化的钻探机械或工具开展钻孔勘探作业，经钻探，可以更加清晰地把握地层、地质构造、地下水分布以及埋深等条件。

钻探法是岩土工程勘察采用的非常重要的一种技术手段和方法，所谓钻探法指的是借助专门的钻探机具钻进岩石土层中，揭示地下岩土体的空间分布、岩性特征以及变化特征的一种勘探方法。岩土工程的地质钻探需符合以下要求：能鉴别钻进地层的岩性，确定岩层埋藏的厚度和深度；能够采取到的岩土试样和地下水试样要符合质量要求，并能进行原位测试；能查明钻进深度范围内的地下水的赋存及埋藏的分布特征。

1. 岩石土层的地质钻探特点

岩石土层的地质钻探主要特点如下。

布置勘探线网要综合考虑工程的特点、规模、类型和自然地质条件等因素；

钻探深度通常情况下都比较小，一般是几米到数十米的范围之内；

钻孔的孔径从 10mm 到数千毫米，变化幅度比较大，通常用的钻头直径是 90~150mm；

钻孔的目的具有综合性，不仅可以查明水文地质、岩性、地层等条件，而且可以采取试验和各种力学实验等。

2. 岩石土层通常采取的钻探方法以及适用条件

岩石土层勘察中选取的钻探方法多种多样，按照钻探对岩土破碎方法的不同，可以分为四大类，包括冲洗钻探、震动钻探、冲击钻探和回转钻探等。冲击钻探是指借助钻具的下冲击力和重力使得钻头来冲击孔底，通过破碎岩土的方式来钻进。更进一步可以分为钢丝绳的冲击钻进和粘杆锤击钻进两种方式，此方法经常运用在岩土工程的勘察中。回转钻探是借助钻具的回转使得钻头的耐磨材料或者切削刃将岩土削磨破碎从而钻进。这种方法可以更进一步分成孔底环状钻进和孔底的全面钻进两种方式，岩土工程勘察中均有使用。

上述钻探方法各有特色及自己的使用范围。实际岩土勘察中应根据钻进地层的岩土类别和勘察要求等情况加以选用。在选用岩石土层的钻探方法时，必须满足以下要求：

针对那些需要取样和鉴别地层岩性的钻孔，通常采取回转钻进的方式；

地下水位以上的地层应该选用干钻的方式，不得使用冲洗液，也不得往孔内注水，但可以用能隔离冲洗液的二重管或三重管钻进取样；

可选用薄壁的钻头锤击钻进或者用螺旋的钻头钻进湿陷性的黄土。在操作过程中应该遵循分段钻进、逐次缩减、坚持清孔的原则。

3. 钻探编录

在岩石土层的勘察钻探中，现场钻探的编录工作要做好。要把观察到的各种地质现象准确地、系统地用文字和图表表示出来。岩土工程勘察中的钻探多具综合目的，在钻进过程中应注意观察、分析并记录，观测水文地质、鉴定岩芯和整理钻孔资料等。

填写钻进日志，要按照以下方法认真记录。

①钻头类型和规格，钻进方法，钻头更换情况及原因。

②钻具突然陷落的起止深度，判断破碎带、软质夹层和洞穴的规模及位置。

③如有涌砂现象，标注涌砂深度及采取措施等。

④选用冲洗液，应注意其消耗量。

⑤若有地下水，测量初见和稳定的水温，记录时间等。

⑥钻进中出现的各种情况。

⑦每次取芯应按照顺序排列，并进行编号、整理、装箱和保管。

⑧注明所取原状土样、岩样的数量及深度并按规定运输。

⑨钻进中所做的各种测试和试验按规定填写记录。

⑩岩芯鉴定，即对钻进的各岩土层的岩性特征进行观察、描述和记录。

⑪碎石类土：应鉴定描述土名、颜色、湿度、密实状态，土的粒度与矿物成分、最大粒径、一般粒径、磨圆程度与分选性，充填物特征等。

⑫砂性土、粉土：应鉴定描述土名、颜色、湿度、密实状态、土的粒度与矿物成分、颗粒形状、层理、胶结物与土中黏性土含量等。

⑬黏性土：应鉴定描述土名、颜色、湿度、稠度状态、土的均匀性与土质特征、土的包含物特征等。

⑭岩石（基岩）：应鉴定描述岩石的名称、颜色、矿物成分、结构、构造，节理裂隙发育特征，岩石的风化程度以及岩芯采取率、RQD 值等。对于特殊性的岩土，除鉴定描述上述岩土内容外，还应反映其特殊成分、状态和结构等内容。

⑮钻孔资料整理，主要是绘制钻孔柱状图。

（二）井探、槽探

利用专业的机械设备，或以人工方式掘进，掌握施工区域地表及其下浅部的工程地质状况，此方法的施工对象有竖井、探槽、平洞、探坑、斜井以及浅井等。

1. 坑探的类型与用途

试坑：深 2m 以内，形状不定，主要用于局部剥除地表覆土、揭露基岩和进行原位试验等。

浅井：从地表垂直向下，断面为圆形或者方形，深 5~15m，主要用于确定覆盖层、风化层的岩性与厚度，采取原状试样和进行现场原位试验等。

槽探：在地表开挖的长条形沟槽，深度不超过 3~5m，主要用于追索构造线、断层，探查残积层、坡积层、风化岩层的厚度和岩性等。

竖井：形状同浅井，但深度大，可超过 20m 以上，一般在较为平坦的地方开挖。主要用于了解覆盖层厚度、岩性与性质，构造线与岩石的破碎情况，岩溶、滑坡与其他不良地质作用，等等。岩层倾角较缓时效果较好。

石门：没有通达地面出口的水平坑道，与其他工程配合使用，主要用于调查河底、湖底等地质构造。

2. 坑探工程展示图

沿坑探工程的四壁及顶、底面所编制的地质断面图，按一定的制图方法绘在一起就成为展示图。用它来表示坑探原始地质成果，效果较好，生产上应用较为广泛。

岩石土层勘探是勘察的重要方法，本书认为岩石土层勘探应该根据各地不同的岩石土层地质条件，而采取不同的勘探方法，在勘探过程中，应该综合应用各种方法，以达到勘探的最佳效果。

（三）物探

利用先进性且专业化的机械设备探测地质体的物理场，并以此为依据划分施工区域的地层，对对象的地质构造、水文地质条件以及其他物理地质现象等进行准确判定。

1. 工程地质勘察中物探方法的概念

（1）物探方法的含义

现代化工程建设中的工程地质勘察工作是保障工程建设高效完成的前提，工程地质勘察中物探方法是目前应用最为广泛的地质探测手段。物理地质探测方法是利用地球内部和周围存在的物理场进行探测，物理场是由物理作用的物质空间形成的。物探技术的全称是地球物理探测技术在工程地质勘察中的应用，是通过专业技术和相关设备对地球物理场的变化特征进行观察和数据收集、整理，为现代化工程建设提供有力依据。

（2）物探方法的特点

物探方法在工程地质勘察中有良好的经济效益和稳定性，且行动灵活、应用范围广、信息可靠。应用物探方法中的地震法和磁场法等方式进行探测，能有效地避免地质勘察工程中遇到的电场、磁场等各种物理场变化的干扰，即使在不同的地质条件下依旧可以保证探测数据的正确性，确保工程地质勘察工作的顺利进行。在物探方法的具体操作中，物理探测方法可探测到几十米到上百米的地质浅层范围，确保探查地质数据资料的准确性。而且物理探测方法的工作效率相对较快，质量较高，也为日后的矿产开发奠定了良好基础。简单地说，物探方法具备效率高、信息可靠、探测稳定的特点。

2. 地质勘察中常用的物探技术方法及基本原理

（1）电测深法

电测深法，简称电测深，是电法勘探中的一种方法。电测深法的原理是通过对所探测区域的岩石电的差异性及所处深度，以此分析岩层的地质结构。电测深法的优势在于若岩层有倾斜，通过此种方法，利用电阻率的变化，依然可以得到岩层分布的相对准确的结果，这是其他方法所不具有的优势。此种方法对于岩层较深厚区域的勘探效果最好。

近几年来，通过分析岩层电的差异性方法在较多的工程建设、资源开采中应用。因为电测深法的使用较为灵活，对所探测区域的地质层进行准确的探测。地质勘探实践中，电测深法的应用获得显著成绩，如对西北地区勘测过程中，应用该技术而探测到丰富的水资源以及资源开采、环境保护、工程建设中所缺少的稀有材料。

（2）电剖面法

电法勘探主要包括电剖面法和电测深法，二者的区别在于电剖面法是保持极距固定，沿剖面逐点来观测电阻率的横向变化，而电测深法是在地表某点令测量电极不动，按规定来不断加大供电极距，从而研究地表某点下方的电性的垂向变化。电剖面法在研究岩层断裂带时的作用较为明显。电剖面法在地质勘探过程中，通过勘探的深度，了解电性变化，该项技术大量地应用在追踪破碎地带、地下暗河等填图问题上。虽然二者在探测方法上有一定区别，但探测的本质相同，都是通过探测岩石的电性差异来区分岩石属性。影响岩石电阻率的主要因素是岩层含水量以及岩石中水溶液的矿化度。若岩层中的含水量较少且分布不均匀，则电的差异性较小，相反电的差异性则较大。水溶液的矿化度也是影响岩石中电的差异性的因素之一。

（3）地震勘探

地震勘探是指根据对反射波或折射波时间场沿测线方向时空分布规律的观测，以此确定地下反射面或折射面深度及构造形态及性质的物探方法。该技术主要包括反射及折射波法两种。地震勘探的优势之处在于探测的精准度较高，即使地震勘探结果较精确，但由于地质结构的复杂性、岩层分布的不规律、岩石地质属性的差异性等都会导致探测结果与真实性有误差，没有绝对精确的探测结果，技术的不断进步与完善只是不断地向真实性接近。即使相同的地质结构，也会由于其所受力不同，导致地震勘探结果也不尽相同。其中浅层折射法大量地应用于考古中，在隐藏的地质结构中效果显著，不足是需要极大的勘探空间。弹性波 CT 技术已经成为工程建设所必不可少的物探技术且得出的地质研究结果单一，不足之处是该技术的成本较大。

（4）钻孔彩色电视全孔壁成像技术

钻孔彩色电视全孔壁成像技术是集图像处理软件研究与开发，干涉性光斑的移除，360° 孔壁成像机制，密封结构的设计与规划等于一体的技术系统。该项技术是指通过观察钻孔壁 360° 范围内图像，使人们的视野能到达所探测岩层的地质结构、分布规律的新技术，该项技术的研发使地质勘探中明确探测岩层的分布规律成为可能。

（5）放射性勘探

放射性勘探是随着原子能的发现及利用而迅速发展起来的，以研究岩石的放射性差异为基础，由于岩石中所含的放射性元素不同，含量也不同，因此这些放射性物质原子核衰变时放出的射线也就不同，通过专业仪器观测与分析研究这波法些射线，达到寻找矿产资源的目的。同时，还能解决水文、工程、环境地质在内的地质问题。

由于放射性元素的衰变不受自身化学状态、温度、压力和电磁场的影响，因此其探测成果比较直观，容易解释，具备成本低、效率高、方法简便、不受环境干扰等突出优点。放射性探测可分为两类：天然放射性方法和人工放射性方法，前者有 γ 测量法和 α 测量法，后者有 X 射线荧光法、中子法、光核反应法。

（6）综合物探

综合物探的发展与电子信息技术的发展同广泛应用密切相关。采用先进的精密电子仪器对地质结构进行探测，同时为了达到更好的勘探效果，信息更准确，采用两种和两种以上的物探方法组合，大大提高勘探效率和勘探信息的可靠性，其在地质灾害的探测、水文地质探测、工程质量的检测以及考古行业方面应用广泛，发展很快。

（7）瞬变电磁场探测法

瞬变电磁场探测的应用基础是电磁场感应理论，通过相关仪器设备检测分析目标感应显示的涡流场形成的二次电磁场变化和已知的电磁场数据信息，分析目标地质的地质特点和结构分布，预测相应的空间形态，尤其是针对高导电性的矿体寻找起着很重要的作用。不同的地质环境和探测目的，应用不同的地球物理探测技术。灵活多变，有针对性地应用物探方法，可以提高工程地质探测工作的质量和效率，为日后的工程提供可靠信息，充分发挥工程地质探查技术的导向作用。

（8）重力法

重力测量受干扰较小、精度较高，为物探方法的辅助手段之一，在探测近地表地层不均匀性、空洞、小型地质密度异常体和人工结构的地下遗址等方面取得较好效果。但是，在工作中应注意考虑天气、地形以及振动的影响。

二、不同岩土工程勘察基本技术要求

（一）边坡工程岩土工程勘察基本技术要求

1. 概述

边坡是指建（构）筑物近旁的天然斜坡或经人工开挖后形成的斜坡。边坡工程与滑坡的主要区别在于，边坡工程强调与工程建设的关系，着重评价边坡与工程建设场地、地基的相互作用与影响；滑坡侧重于地质环境，着重研究各种自然斜坡滑动的成因机制，分析评价其稳定性。当然，两者并非截然分开，例如，当滑坡发生于建筑场地之内或附近、并对建筑场地与地基稳定性产生影响时，则既是滑坡的问题，也是边坡的问题。

边坡根据其岩土成分不同，可分为岩质边坡和土质边坡两大类。岩质边坡的主要控制因素一般是岩体的结构面，土质边坡的主要控制因素是土的强度。但无论何种边坡，地下水的活动都是影响其稳定性的重要因素。在进行边坡工程勘察时，应根据具体情况有所侧重。

边坡的破坏变形形式主要有崩塌、滑动平面型、弧面型、楔形体蠕动倾倒、溃屈、侧向张裂与剥落。影响边坡稳定性的因素主要有：第一，岩土的性质；第二，岩层结构与构造；第三，水文地质条件；第四，风化作用；第五，气候条件；第六，地震作用；第七，地形地貌；第八，应力状态与应力历史；第九，人类工程活动；等等。

边坡岩土工程勘察的目的是：查明对建构筑物可能有影响的边坡地段的工程地质条件和地下水条件，提出边坡稳定性计算参数；评价边坡稳定性即根据其工程地质条件，确定合理的边坡断面尺寸或验算已拟定的断面尺寸是否稳定合理，预测因工程活动引起边坡稳定性的变化；提出潜在不稳定边坡的整治与加固措施。

边坡岩土工程勘察的方法主要有：工程地质测绘，勘探与测试，等等。边坡岩土工程勘察应查明如下主要内容。

地形地貌条件与不良地质作用（如滑坡、崩塌、危岩、泥石流等）条件；

岩土的类型、成因、工程特性，覆盖层厚度，基岩面的形态和坡度；

岩体主要结构面的类型、产状、延展情况、闭合程度、充填状况、充水状况、力学属性和组合关系，主要结构面与临空面的关系，是否存在外倾结构面；

地下水的类型、水位、水压、水量、补给与动态变化，岩土的透水性和地下水的出露情况；

地区气象条件特别是雨期、暴雨强度，汇水面积、坡面植被，地表水对坡面、坡脚的冲刷情况；

岩土的物理力学性质和软弱结构面的抗剪强度。

2. 边坡岩土工程勘察基本技术要求

大型边坡勘察宜分阶段进行，各阶段应符合下列要求。

初步勘察：应搜集地质资料，进行工程地质测绘和少量的勘探与室内试验，初步评价边坡的稳定性；

详细勘察：应对可能失稳的边坡及其相邻地段进行工程地质测绘、勘探、试验、观测和分析计算，做出稳定性评价，对人工边坡提出最优开挖坡角；对可能失稳的边坡提出防护处理措施的建议；

施工勘察：应配合施工开挖进行地质编录，核对、补充前阶段的勘察资料，必要时进行施工安全预报，提出修改设计的建议。

边坡工程地质测绘：除应满足一般工程地质测绘的基本技术要求外，尚应着重查明天然边坡的形态和坡脚，软弱结构面的产状和性质，即应着重查明如下内容。

观测斜坡坡度和微地貌特征，分析微地貌的演变过程和发育阶段，查明有无滑坡体、错落体、崩塌体和危石存在。

对土体边坡，应查明土层结构及下伏硬层的埋藏深度或基岩面的形态、坡度等；对岩体边坡，应查明岩体的结构类型，软弱结构面的产状、组合关系、延伸情况，并分析其力学属性及其与临空面的关系。

查明泉水和湿地的分布位置、类型及水的补给来源，并分析水对坡体的软化与侵蚀情况。

查明地表水对坡脚的冲刷情况及坡面植被、风化情况。

对比分析当地稳定与不稳定边坡的岩石和土的性质、地层结构、坡度、高度和调查当地边坡处理及防护措施的经验。测绘范围应包括可能对边坡稳定性有影响的地段。

边坡工程勘探：

勘探线：应垂直边坡走向或平行可能滑动的方向布置，其间距应视地质条件的复杂程度而定；

勘探点：一般应布置在坡顶、坡腰与坡脚处，其间距应根据地质条件确定，但每一勘探线不应少于 3 个勘探点，当遇有软弱夹层或不利结构面时，应适当加密；

勘探点的深度：应穿过潜在滑动面并深入稳定层 2~5m；勘探方法除采用常规钻探方法外，还可根据需要，采用坑探、槽探、井探和斜孔。

取样：主要岩土层和软弱层均应采取试样。每层的试样对土层不应少于 6 件，对岩层不应少于 9 件，软弱层宜连续取样。

试验与测试：

在边坡勘察中，对岩土应做一般物理力学试验，并着重测求岩土的抗剪强度。试件的剪切方向应与边坡的变形方向一致，并宜采用不排水剪或固结不排水剪。三轴剪切试验的最高围压和直剪试验的最大法向压力的选择，应与试样在坡体中的实际受力情况相近。抗剪强度指标，应根据实测结果并结合当地经验确定，并宜采用反分析方法进行验证。对永久性边坡，尚应考虑强度可能随时间降低的效应。

对控制边坡稳定的软弱结构面，宜进行原位剪切试验。对大型边坡，必要时可进行岩体应力测试、波速测试、动力测试、孔隙水压力测试和模型试验。

测定地下水的流速、流向、流量和岩、土的渗透性，测定岩、土体中孔隙水压力的分布情况。

大型边坡应进行监测，监测内容根据具体情况可包括边坡变形、地下水动态、易风化岩体的风化速度等。

边坡稳定性评价：应在确定边坡破坏模式（主要的模式有平面滑动、圆弧滑动、楔形体滑落、倾倒、剥落等）的基础上进行，可采用工程地质类比法（有丰富经验地区的地质条件简单的中、小型边坡）、图解分析法（如赤平投影等）、极限平衡分析法、有限单元法等进行综合评价。当各区段条件不一致时，应分区段进行分析。

边坡稳定性系数 F_s 的取值，对新设计的边坡、重要工程宜取 1.30~1.50；一般工程宜取 1.15~1.30；次要工程宜取 1.05~1.15。采用峰值强度时取大值，采用残余强度时取小值。验算已有边坡的稳定性时，F_s 取 1.10~1.25。

边坡岩土工程勘察报告，除满足一般岩土工程勘察报告要求外，尚应论述下列内容：

边坡的工程地质条件和岩土工程计算参数；

分析边坡和建在边坡坡顶、坡上的建筑物的稳定性，对坡下建筑物的影响；

提出最优坡形和坡角的建议；

提出对不稳定边坡的整治措施和监测方案的建议。

（二）公路与桥梁岩土工程勘察

1. 公路岩土工程勘察概述

公路岩土工程勘察主要是指一般条件下的公路选线、填方路基和桥涵公路的岩土工程勘察，对于挖方路基、隧洞工程和特殊条件下的岩土工程勘察，则分别按照边坡工程、地下洞室以及特殊岩土的有关勘察要求进行。

相对一般场地的岩土工程勘察而言，公路岩土工程勘察具有如下特点：在平面上呈带状分布，宽度不大，但延伸很长，可能穿越很多不同的地质与地貌单元，遭遇不同的不良地质作用；作用于路基上的荷载相对较小，但高等级公路对沉降尤其是不均匀沉降的要求相对较高。

公路岩土工程勘察一般可分为可行性研究勘察、初步勘察和详细勘察三个阶段。可行性研究勘察阶段应对所收集的地质资料和有关路线控制点、走向和大型结构物进行初步研究，并到现场实地核对验证，适当利用简易的勘探方法和物探，必要时可布置钻探，以了解沿线地质概况，为优选路线方案提供充足的地质依据。初步勘察阶段，应配合路线、桥梁、隧道、路基、路面和其他结构物的设计方案及其比较方案的制定，提供工程地质资料，以供技术经济的论证，达到满足方案优选和初步设计的需要。对于不良地质作用和特殊性岩土地段，应做出初步分析和评价，还应提出处理方法，为满足编制初步设计文件，提供必需的工程地质资料。详细勘察阶段，应在批准的初步设计方案基础上，进行详细的工程地质勘察，以保证施工图设计的需要。对不良地质作用和特殊性岩土地段，应做出详细分析、评价和具体的处理方案，为满足编制施工图设计提供完整的工程地质资料。

勘察方法应根据勘察阶段要求的内容和深度、公路的等级、工程规模及其工作难易程度不同而加以选择。可行性研究勘察阶段主要是收集资料和进行现场踏勘。初步勘察阶段主要是进行工程地质测绘与调查、物探、钻探、原位测试和室内试验等。详细勘察阶段则以钻探、原位测试和室内试验为主，必要时才进行物探和工程地质测绘，以详细查明工程地质条件。

公路的选线应根据确定线路的总方向、公路等级及其在公路网中的作用，结合线路经过地区的自然经济条件，通过调查研究，分析比较而确定最佳方案。就岩土工程条件而言，则应根据岩土工程的具体条件全面衡量它对路基稳定、施工安全、运营养护的长期影响，确保工程稳定、运输畅通。具体来说，主要应考虑以下 4 个方面。

①对滑坡、崩塌、岩堆、泥石流、岩溶、沙漠、泥沼等严重不良地质地段，软土、多年冻土、膨胀岩土等特殊性岩土分布的地区应予避开，如必须通过时，则应选择合理位置，以合理的最短距离通过，并采取切实、可靠的工程处理措施，确保稳定安全。

②在河谷地区，应选择在地形宽阔平坦、有阶地可利用的一岸，避开陡峻斜坡、岩层破坏和软弱结构面倾向线路的长、大挖方地段。

③通过水库区时，应考虑水库坍岸、地下水位壅升、路基沉陷等影响。

④穿越山岭的线路，应避免沿大断层破碎带、地下水溢出带通过。

2. 填方路基岩土工程勘察基本技术要求

（1）填方路基岩土工程勘察的主要任务

就是要查明填方路基基底的岩土工程地质问题，分析评价其对路堤的危害程度，并提出针对性的工程处理措施。在高填、陡坡填方地段，尚应验算路基、路堤的稳定性。

（2）现场勘察工作

基底一定深度内的地层结构、岩土性质，基岩面的起伏形态和坡度，不利倾向的软弱夹层、软弱结构面的分布、性质和特征。

不良地质作用的类型、性质、分布与影响。

地下水的类型、潜水位、毛细水饱和带深度以及地下水等对路堤的可能危害。

（3）基本技术要求

填方路基的勘探工作，应在充分研究已有资料与工程地质测绘资料的基础上进行，多种方法钻孔、洛阳铲、麻花钻等综合利用。

勘探点间距：应视岩土工程条件而定，一般每公里1~2个点，孔深1.5~2.0m或达到地下水位；对于高填路堤和陡坡路堤，为查明基底或斜坡稳定性，应对代表性横剖面进行勘探，勘探点不少于两个，其深度要以能满足稳定性分析和工程处理要求为准。

用于稳定性验算的岩土参数，应重视室内试验与原位测试的验证对比，再加以选择。

对与路基工程有关的地表水、地下水，必要时应结合工程措施要求取样进行分析，或进行简易水文地质试验，获取有关水文地质参数。

3. 城市道路岩土工程勘察基本技术要求

（1）城市道路岩土工程勘察的主要任务

应查明沿线各路段路基的稳定性和岩土的工程地质性质，为路基设计、确定路基回弹模量和适宜的路面结构组合类型、路基压实加固、路基排水设计以及为不良地质作用防治提供必要的设计参数或措施建议。

（2）基本技术要求

勘察的范围、宽度应考虑不良地质条件、地质构造对道路工程的影响，以能满足路基设计、落实工程措施为原则。

勘探点的布置：应沿道路中线布置，如果条件不允许，则孔位的偏移不应超出路基范围；孔深一般应达原地面以下2~3m，挖方地段则应达地面设计高程以下2~3m；对于高填路堤和陡坡路堤，也应在代表性横断面上布孔，数量不少于两个，且深度要能满足稳定性分析和工程处理的要求。

取样要求：应在原地面或路面设计高程以下1.5m的深度范围内进行，取样间距为0.5m，为正确划分土的类别和土体路基的干湿程度，全部勘探孔均应采取试样。

每个地貌单元和不同地貌单元的交接部位均应布置勘探孔，在微地貌和地层变化较大地段应予以加密。如果道路通过含有有机质的疏松杂填土、未固结的近期回填土及软土等分布地段时，勘探孔间距以查明其分布范围来布置，一般控制在20~40m。

城市中的广场、停车场多放在平坦地区，范围相对较小，地层岩性在水平方向上变化不大，勘探点可采用方格网布置，但应注意可能暗埋的河、沟、浜等。

4. 桥涵岩土工程勘察基本技术要求

桥涵可根据其多孔跨径大小的不同，分为特大桥、大桥、中桥、小桥和涵洞5类。

（1）小桥、涵洞地基勘察

目的与任务：主要应查明地层结构、岩土性质，判明地基不均匀沉降和斜坡不稳引起的桥涵变形的可能性，提供土石工程分类及承载力。

勘探点的布置：每个桥涵不少于1个勘探点，当桥的跨度较大、涵洞较长，或地质条件复杂，或桥涵位于陡峻的沟床上时，应适当增加勘探点。勘探深度应视土层性质而定，一般可参考表 2–1 选用。

表 2–1　小桥涵洞勘探点深度　　单位：m

类型	碎石土	砂土、一般黏性土、粉土	流塑状态黏性土、粉土、淤泥、流砂等
拱涵、板涵	3~6	4~8	6~15
小桥	4~8	6~12	12~20

（2）大、中桥地基勘察

目的与任务：共 5 个方面。

查明河床及两岸、墩台、调治建筑物地段的地质构造、地层岩性，如有软弱夹层分布时，应注意其对桥基、墩台稳定性的影响；

查明地基岩、土的物理、力学性质；

查明不良地质作用的类型、分布、规模、发育程度，在岩溶区要特别注意隐伏溶洞、土洞对桥基、墩台稳定性的影响；

查明河床及两岸的水文地质条件，地层的渗透性能，判明地表水、地下水对基础的腐蚀性，基坑涌水、流砂的可能性；

查明河流变迁及两岸冲刷情况，提供河床最大冲刷深度。

勘探点布置：一般按桥墩、桥台布置，对桥台、调治构筑物亦应布置适当数量的勘探点。勘探点宜沿周边或中心点布置，岩溶发育的地基，也可在基础轮廓线外布置。孔数视基础类型及工程地质条件的复杂程度而定，简单地，每个墩台 1 个；如跨度小、墩多或采用群桩基础时，可隔墩、台布置；复杂时，每墩台可布 2~3 个勘探点。

下列情况还应适当加密：

岩溶发育地段或有人工洞穴地段；

为查明涌砂、大漂石、地震液化土层及断层破碎带；

河床冲刷深度突变的局部地段；

一个墩台基地由两种以上土层组成、强度差异大的地段。

勘探点深度：一般情况下应进入持力层以下 5~10m，或墩台基础底面以下 2.5~4*b*（*b* 为基底宽度）。对于深基础，则应进入持力层或桩尖以下 3~5m，也可按表 2–2 选用。

表 2–2　大、中桥勘探点深度　　单位：m

基础类型	土层类别	
	一般黏性土、粉土及粉、细砂	中、粗砾砂、卵石
打入桩	20~30	15~25
钻孔灌注桩	25~35	20~30
扩大基础	12~18	10~15

但应当注意的是：

当钻探进入基岩时，应穿过风化带进入完整基岩面以下 3~5m，对抗冲刷能力弱的岩层应适当加深；

在岩溶区应钻至基岩面以下10~15m，在此范围内如遇溶洞，应钻至溶洞以下不少于10m。

试验工作：

当基底为黏性土、粉土时，应取原状样做物理力学性质试验，必要时，应进行载荷试验；

当基底为基岩时，应视工程需要采取岩样做单轴饱和抗压强度试验；

与圬工有关的地表水和地下水应取样进行水质分析，评价其腐蚀性；

当室内试验确定渗透系数 K 有困难时，应进行抽水试验。

第二节　场地复杂程度与岩土工程勘察的等级

建设场地的复杂程度与勘察等级是确定岩土工程勘察工作量和进度计划的依据。划分复杂程度和等级通常要考虑下列条件：根据工程类型及其可能产生的破坏后果的严重性。工程安全等级可划分为三级：一级为重要工程，一旦破坏会产生很严重的后果；二级为一般工程，工程破坏会造成严重后果；三级为次要工程，其破坏不会造成严重后果。根据场地的地形地貌、不良地质现象、工程地质环境等条件划分场地等级。

一、工程重要性等级

工程重要性等级（见表2–3），是根据工程的规模和特征以及由于岩土工程问题造成工程破坏或影响正常使用的后果，可分为三个工程重要性等级。

表2–3　工程安全等级

工程重要性等级	工程的规模和特征	破坏后果
一级	重要工程	很严重
二级	一般工程	严重
三级	次要工程	不严重

对于不同类型的工程来说，应根据工程的规模和特征进行具体划分。目前，房屋建筑与构筑物的设计等级，已在国家标准《建筑地基基础设计规范》（GB 50007—2002）中明确规定，要根据地基复杂程度，建筑物规模和功能特征以及由于地基问题可能造成建筑物破坏或影响正常使作的程度，将地基基础设计分为三个设计等级，设计时应根据具体情况，按表2–4选用。

表 2-4　地基基础设计等级

设计等级	工程的规模	建筑和地基类型
甲级	重要工程	重要的工业与民用建筑物；30 层以上的高层建筑；体型复杂，层数相差超过 10 层的高低层连成一体建筑物；大面积的多层地下建筑物（如地下车库，商场、运动场等）；对地基变形有特殊要求的建筑物；复杂地质条件下的坡上建筑物（包括高边坡）；对原有工程影响较大的新建建筑物；场地和地基条件复杂的一般建筑物；位于复杂地质条件及软土地区的二层及二层以上地下室的基坑工程
乙级	一般工程	除甲级、丙级以外的工业与民用建筑物
丙级	次要工程	场地和地基条件简单，荷载分布均匀的七层及七层以下民用建筑及一般工业建筑物；次要的轻型建筑物

目前，地下洞室、深基坑开挖、大面积岩土处理等尚无工程安全等级的具体规定，可根据实际情况加以划分。大型沉井和沉箱、超长桩基和墩基、有特殊要求的精密设备和超高压设备、有特殊要求的深基坑开挖和支护工程、大型竖井和平洞、大型基础托换和补强工程以及其他难度大、破坏后果严重的工程，以列为一级安全等级为宜。

二、场地复杂程度等级

场地复杂程度等级是由建筑抗震稳定性、不良地质现象发育情况、地质环境破坏程度、地形地貌条件和地下水五个条件衡量的。根据场地的复杂程度，可按下列规定分为三个场地等级。

（一）符合下列条件之一者为一级场地（复杂场地）

对建筑抗震危险的地段；

不良地质作用强烈发育；

地质环境已经或可能受到强烈破坏；

地形地貌复杂；

有影响工程的多层地下水，岩溶裂隙水或其他水文地质条件复杂，需要专门研究的场地。

（二）符合下列条件之一者为二级场地（中等复杂场地）

对建筑抗震不利的地段；

不良地质作用一般发育；

地质环境可能或已经受到一般破坏；

地形地貌较复杂；

基础位于地下水位以下的场地。

（三）符合下列条件者为三级场地（简单场地）

抗震设防烈度等于或小于 6 度，或对建筑抗震有利的地段；

不良地质作用不发育；

地质环境基本未受破坏；

地形地貌简单；

地下水对工程无影响；以上划分从一级开始，向二级、三级推定，以最先满足的为准，参见表2-5。

表2-5 场地复杂程度等级

等级	一级	二级	三级
建筑抗震稳定性	危险	不利	有利（或地震设防烈度≤6度）
不良地质现象发育情况	强烈发育	一般发育	不发育
地质环境破坏程度	已经或可能强烈破坏	已经或可能受到一般破坏	基本未受破坏
地形地貌条件	复杂	较复杂	简单
地下水条件	多层水、水文地质条件复杂	基础位于地下水位以下	无影响

注：一级、二级场地各条件中只要符合其中任一条件即可。

建筑抗震稳定性。按国家标准《建筑抗震设计规范》（GB 50011—2001）的规定，选择建筑场地时，对建筑抗震稳定性地段的划分规定为以下几种情况。

危险地段：地震时可能发生滑坡、崩塌、地陷、地裂、泥石流及发震断裂带上可能发生地表错位的部位。

不利地段：软弱土和液化土，条状凸出的山嘴，高耸孤立的山丘，非岩质的陡坡、河岸和斜坡边缘，平面分布上成因、岩性和形状明显不均匀的土层（如古河道、断层破碎带、暗埋的塘浜沟谷及半填半挖地基）等。

有利地段：稳定基岩、坚硬土，开阔、平坦、密实均匀的中硬土等。

不良地质现象发育情况。“不良地质作用强烈发育”是指泥石流沟谷、崩塌、土洞、塌陷、岸边冲刷、地下水强烈潜蚀等极不稳定的场地，这些不良地质作用直接威胁着工程的安全；“不良地质作用一般发育”是指虽有上述不良地质作用，但并不十分强烈，对工程设施安全的影响不严重；或者说对工程安全可能有潜在威胁。

地质环境破坏程度。“地质环境”是指人为因素和自然因素引起的地下采空、地面沉降、地裂缝、化学污染、水位上升等。由于人类工程——经济活动导致地质环境的干扰破坏，是多种多样的。例如，采掘固体矿产资源引起的地下采空；抽汲地下液体（地下水、石油）引起的地面沉降、地面塌陷和地裂缝；修建水库引起的边岸再造、浸没、土壤沼泽化；排除废液引起岩土的化学污染；等等。地质环境破坏对岩土工程实践的负影响是不容忽视的，其往往会对场地稳定性构成威胁。地质环境“受到强烈破坏”，是指由于地质环境的破坏，已对工程安全构成直接威胁；如矿山浅层采空导致明显的地面变形、横跨地裂缝等。“受到一般破坏”是指已有或将有地质环境的干扰破坏，但并不强烈，对工程安全的影响并不严重。

地形地貌条件，主要指的是地形起伏和地貌单元（尤其是微地貌单元）的变化情况。一般来说，山区和丘陵区场地地形起伏大，工程布局较为困难，挖填土石方量较大，土层分布较薄且下伏基岩面高低不平。地貌单元分布较为复杂，一个建筑场地可能跨越多个地貌单元，因此地形地貌条件复杂或较复杂。平原场地地形平坦，地貌单元均一，土层厚度大且结构简单，因此地形地貌条件简单。

地下水条件。地下水是影响场地稳定性的重要因素。地下水的埋藏条件、类型和地下水位等直接影响工程及其建设。综合以上因素，把场地复杂程度划分为一级、二级、三级三个等级。

三、地基复杂程度

等级地基复杂程度依据岩土种类、地下水的影响，特殊土的影响也划分为三级，如表 2–6 所示。

表 2–6　地基复杂程度等级

场地等级	特征条件	条件满足条件
一级地基（复杂地基）	岩土种类多，性质变化大，地下水对工程影响大，且需特殊处理	满足其中一条及以上者
	多年冻土，严重湿陷、膨胀、盐渍、污染的特殊性岩土，以及其他情况复杂，需做专门处理的岩土	
二级地基（中等复杂地基）	岩土种类较多，不均匀，性质变化较大	满足其中一条及以上者
	除一级地基中规定的其他特殊性岩土	
三级地基（简单地基）	岩土种类单一，均匀，性质变化不大	满足全部条件
	无特殊性岩土	

注：关于场地、地基等级的划分应从第一级开始，向第二级、第三级推定，以最新满足者为准。

四、岩土工程勘察等级

综合上述三项因素的分级，即可划分岩土工程勘察的等级，根据工程重要性等级、场地复杂程度等级和地基复杂程度等级，可按下列条件划分岩土工程勘察等级。

甲级：在工程重要性、场地复杂程度和地基复杂程度等级中，有一项或多项为一级。

乙级：除勘察等级为甲级和丙级以外的勘察项目。

丙级：工程重要性、场地复杂程度和地基复杂程度等级均为三级（见表 2–7）。

表 2–7　岩土工程勘察等级

岩土工程勘察等级	划分标准
甲级	在工程重要性、场地复杂程度和地基复杂程度等级中，有一项或多项为一级
乙级	除勘察等级为甲级和丙级以外的勘察项目
丙级	工程重要性、场地复杂程度和地基复杂程度等级均为三级

注：建筑在岩质地基上的一级工程，当场地复杂程度等级和地基复杂程度等级均为三级时，岩土工程勘察等级可定为乙级。

（一）抗震设防等级

《建筑抗震设计规范》规定，抗震设防烈度在 6 度及以上地区的建筑，必须进行抗震设防。抗震设防等级是根据地震产生的危害程度来划分的，主要分为以下四类：

特殊设防类（甲类）;

重点设防类（乙类）；

标准设防类（丙类）；

适度设防类（丁类）。

抗震设防等级本质上对应于岩土工程勘察场地等级划分中的建筑抗震部分。

（二）场地类别划分

《建筑抗震设计规范》规定根据土层等效剪切波速和场地覆盖层厚度进行场地类别划分，其中Ⅰ类可分为$Ⅰ_0$、$Ⅰ_1$两个亚类。

Ⅰ类场地土：岩石，紧密的碎石土。

Ⅱ类场地土：中密、松散的碎石土，密实、中密的砾、粗、中砂；地基土容许承载力$[\sigma_0]$>150kPa 的黏性土。

Ⅲ类场地土：松散的砾、粗、中砂，密实、中密的细、粉砂，地基土容许承载力$[\sigma_0] \leqslant$ 150kPa 的黏性土和$[\sigma_0] \geqslant$ 130kPa 的填土。

Ⅳ类场地土：淤泥质土，松散的细、粉砂，新近沉积的黏性土；地基土容许承载力$[\sigma_0]$<130kPa 的填土。

这种划分结果应该是岩土工程勘察的结论，而不是岩土工程勘察的前提。

（三）岩土工程勘察分级

《岩土工程勘察规范》（GB 50021—2001）（2009 年版）把岩土工程勘察分为甲、乙、丙三个等级，划分依据是工程重要性等级、场地复杂程度等级和地基复杂程度等级。

1. 重要性等级

根据工程的规模和特征以及由于岩土工程问题造成工程破坏或影响正常使用的后果，可分为三个工程重要性等级：一级工程：重要工程，后果很严重；二级工程：一般工程，后果严重；三级工程：次要工程，后果不严重。

2. 场地等级

根据建设场地的复杂程度，可按下列规定分为三个场地等级。

符合下列条件之一者为一级场地（复杂场地）：第一，对建筑抗震危险的地段；第二，不良地质作用强烈发育；第三，地质环境已经或可能受到强烈破坏；第四，地形地貌复杂；第五，有影响工程的多层地下水、岩溶裂隙水或其他水文地质条件复杂，需专门研究的场地。

符合下列条件之一者为二级场地（中等复杂场地）：第一，对建筑抗震不利的地段；第二，不良地质作用一般发育；第三，地质环境已经或可能受到一般破坏；第四，地形地貌较复杂；第五，基础位于地下水位以下的场地。

符合下列条件者为三级场地（简单场地）：第一，抗震设防烈度小于或等于 6 度，或对建筑抗震有利的地段；第二，不良地质作用不发育；第三，地质环境基本未受破坏；第四，地形地貌简单；第五，地下水对工程无影响。

3. 地基等级

根据地基的复杂程度，可按下列规定分为三个地基等级。

符合下列条件之一者为一级地基（复杂地基）：第一，岩土种类多，很不均匀，性质变化大，需进行特殊处理；第二，严重湿陷、膨胀、盐渍、污染的特殊性岩土，以及其他情况复杂，需做专门处理的岩土。

符合下列条件之一者为二级地基（中等复杂地基）：第一，岩土种类较多，不均匀，性质变化较大；第二，除本条第 1 款规定以外的特殊性岩土。

符合下列条件者为三级地基（简单地基）：第一，岩土种类单一，均匀，性质变化不大；第二，无特殊性岩土。

根据工程重要性等级、场地复杂程度等级和地基复杂程度等级，可按下列条件划分岩土工程勘察等级。

甲级：在工程重要性、场地复杂程度和地基复杂程度等级中，有一项或多项为一级；

乙级：除勘察等级为甲级和丙级以外的勘察项目；

丙级：工程重要性、场地复杂程度和地基复杂程度等级均为三级。

建筑在岩质地基上的一级工程，当场地复杂程度等级和地基复杂程度等级均为三级时，岩土工程勘察等级可定为乙级。

第三节 岩土工程勘察阶段划分

勘察阶段的划分是与设计阶段相适应的，分为选址或可行性研究勘察、初步勘察、详细勘察或施工图设计勘察和施工勘察。各阶段勘察的工作内容和任务要求应结合岩土工程的勘察等级和工程特性来确定。对于场地面积不大，岩土工程条件简单或有建筑经验的地区或单项岩土工程等，均可进行一阶段勘察，但勘察工作量布置应满足详细勘察工作的要求。对于场地稳定性和特殊性岩土的岩土工程问题，应根据岩土工程的特点和工程性质布置相应的勘探与测试或进行专门研究论证评价。对于专门性工程，如水坝和核电站等，尚应按工程性质要求专门进行研究勘察，岩土工程勘察的工作可划分为以下几个阶段。

一、可行性研究勘察

可行性研究勘察也称为选址勘察，其目的是根据建设条件进行经济技术论证，提出设计比较方案。勘察的主要任务是对拟选场址的稳定性和适宜性做出岩土工程评价；进行技术、经济论证和方案比较，满足确定场地方案的要求。这一阶段的勘察范围是在可能进行建筑的建筑地段，一般有若干可供选择的场址方案，对此都要进行勘察；各方案对场地工程地质条件的了解程度应该相近，并对主要的岩土工程问题做初步分析评价，以此比较说明各方案的优劣，选取最优的建筑场地。本阶段的勘察方法主要是在搜集、分析已有资料的基础上，进行现场踏勘、了解场地的工程地质条件。当场地工程地质条件比较复杂，已有资料不足以说明问题时，则应进行工程地质测绘，或必要的勘探工作。工程结束时，应对场址稳定性和适宜性做出岩土工程评价，进行技术经济论证和方案比较，并应符合下列要求：

搜集区域地质、地形地貌、地震、矿产、当地的工程地质、岩土工程和建筑经验等资料；

在充分搜集和分析已有资料的基础上，通过踏勘了解场地的地层、构造、岩性、不良地质作用和地下水等工程地质条件；

当拟建场地工程地质条件复杂，已有资料不能满足要求时，应根据具体情况进行工程地质测绘和必要的勘探工作；

当有两个或两个以上拟选场地时应进行比较选择分析。

二、初步勘察

初步勘察的目的，是密切结合工程初步设计的要求，提出岩土工程方案设计和论证。其主要任务是在可行性勘察基础上，对场地内拟建建筑地段的稳定性做出岩土工程评价，为确定建筑物总平面布置、主要建筑物地基基础方案以及对不良地质现象的防治工程方案进行论证。勘察阶段的工作范围一般限定于建筑地段内，相对比较集中。

（一）稳定性评价技术要求

搜集拟建工程的文件、工程地质和岩土工程资料以及工程场地范围的地形任务；

初步查明地质构造、地层结构、岩土工程特性、地下水埋藏条件；

查明场地不良地质作用的产生成因、分布、规模、发展趋势，并对场地的稳定性作出评价；

对抗震设防烈度等于或大于6度的场地，要对场地和地基的地震效应做出初步评价；

初步判定水和土对建筑材料的腐蚀性；

当对高层建筑进行初步勘察时，要对采取的地基基础类型、基坑开挖与支护、工程降水方案进行初步分析评价。

（二）勘探工作技术要求

勘探线要垂直地貌单元、地质构造和地层界线布置；

每个地貌单元均应布置勘探点，一些勘探点要加密；

在地形平坦地区，要按网格布置勘探点；

对岩质地基，勘探线和勘探点的布置，勘探孔的深度，要按地质构造、岩体特风化情况等按地方标准或当地经验确定；勘探线的布置要垂直地貌单元边界线、地质构造线、地层界线。勘探点的布置要在每个主要地貌单元和其交接部位，以求最小的勘探工作量，获得最多的地质信息。

三、详细勘察

详细勘察的目的，是对岩土工程设计、岩土提出有利于加固、不良地质现象的防治工程进行计算与评价，以满足施工图设计的要求。此阶段的任务应按单体建筑物或建筑群提出详细的岩土工程资料和设计、施工所需的岩土参数；对建筑地基做出岩土工程评价，并对地基类型、基础形式、地基处理、基坑支护、工程降水和不良地质作用的防治等提出建议。勘察的范围主要用于建筑地基内。本阶段的勘察方法以勘探和原位测试为主。勘探点一般应按建筑物轮廓线布置，其间距根据岩土工程勘察等级确定，较之初勘阶段密度更大、深度更深。勘探坑孔的深度一般以建筑工程基础底面为准算起。采取岩土试样和进行原位测试的坑孔数量，也较初勘阶段要大。

（一）工作内容基本技术要求

搜集附有坐标和地形的建筑总平面图，场区的地面整平标高，建筑物的性质、规模、荷载、结构特点、基础形式、埋置深度等资料；

查明不良地质作用的类型、成因、分布和危害程度，提出整治方案；

查明建筑范围内岩土层的类型、深度、分布、均匀性和承载力；

对需进行沉降计算的建筑物，提供地基变形计算参数，预测建筑物的变形特征；

查明地下水的埋藏条件，提供的厂水位及其变化幅度；

判定水和土对建筑材料的腐蚀性。

（二）勘探点布置技术要求

详细勘察阶段的工作手段主要是钻探，有时辅以地球物理勘探，勘探点的布置需要按下列要求进行：

①勘探点要按建筑物周边线和角点布置，对无特殊要求的其他建筑物要按建筑物或建筑群的范围布置。

②同一建筑范围内的主要受力层，应加密勘探点，分析和评价地基的稳定性。

③重大设备基础要单独布置勘探点。

④勘探手段要采用钻探与触探相配合。

（三）勘探点间距及深度技术要求

勘探孔深度要能控制地基的主要受力层，在基础底面宽度小于5m时，勘探孔的深度对条形基础要大于基础底面宽度的三倍，对单独柱基要大于1.5倍，并大于5m。

对高层建筑和需做变形计算的地基；高层建筑的一般性勘探孔要达到基底0.5~1.0倍的基础宽度，并深入稳定分布的地层。

在有大面积地面堆载或有软弱下卧层时，要适当加深勘探孔深度。

在规定深度内如果遇基岩或厚层碎石上等稳定地层时，勘探孔深度要根据具体情况进行调整。钻孔深度适当与否，会影响勘察质量、费用和周期。对天然地基，控制性钻孔的深度，要满足以下几个方面：

①等于或略深于地基变形计算的深度，满足变形计算的要求。

②满足地基承载力和软弱下卧层验算的要求。

③满足支护体系和工程降水设计的要求。

④满足某些不良地质作用追索的要求。

四、施工勘察

施工勘察不作为一个固定阶段，视工程的实际需要而定，对条件复杂或有特殊施工要求的重大工程地基，则需要进行施工勘察。施工勘察包括施工阶段的勘察和竣工运营工程中的一些必要的勘察工作，主要是检验与监测工作、施工地质编录和施工超前地质预报、检验地基加固效果。它可以起到核对已取得的地质资料和所作评价结论准确性的作用。

根据工程实际需要，在遇到以下情况之一时，要配合设计、施工单位进行岩土工程勘察工作：

基槽开挖后发现岩土条件与原勘察资料不符时；

对安全等级为一、二级的建筑物，进行施工验槽；

在地基处理或深基础施工中，进行岩土工程检验与监测；

地基中岩溶、土洞较发育，要查明情况并提出处理措施；

施工中发生边坡失稳迹象，要查明原因并进行监测和提出解决措施。

在施工阶段的岩土工程工作主要介绍如下：

因其人为降低地下水位而增加土的有效应力，而容易发生邻近建（构）筑物的沉降，桩基产生负摩阻力，使降落漏斗周边上体向中心滑移等，沉降观测、测定孔隙水压力是内容之一；

深基坑开挖，边坡稳定性的监测、处理，或由于坑内基底卸荷回弹、隆起、侧向位移等进行观测，及时修正、补充岩土工程施工计划及工艺；

为确保地基处理与加固获得预期效果，监测施工质量，发现问题要及时予以解决。

第三章　岩土工程勘察的主要内容

第一节　对地层岩性的勘察

地质测绘是岩土工程勘察工作开展的首要环节。针对地质环境的测绘为工程项目的建设提供数据，并详细了解和科学分析施工现场的地形情况，根据最终数据计算结果为建设项目制订细致的施工规划和科学的施工方案。在进行地质测绘时，还需要结合工程建设总体设计、地基处理等标准开展测绘工作。

一、工程地质测绘的内容

在进行工程地质测绘设计前，需要详细地查明拟定建筑区项目地质条件的空间分布规律，同时结合一定比例要求如实地将情况反映在地形图上，使其能够给工程地质预测技术设计部门提供参考。因此，需要做好工程地质测绘，并且及时将工程地质图制作来。在实践过程中，工程地质测绘的程序与其他地质测绘工作的方式一项，首先需要对相关治疗进行研究，在掌握本次测绘的重点与问题后及时做好工作计划，再进行航位片的解释。同时，及时对区域工程的地质条件进行初步评价，将地质工程的各种因素进行标识出来。测绘地质需要掌握岩层特性与岩层的层序等，从而通过掌握数据进行充分的测绘工作，在实践过程中，只有全面地进行上述工作后才能进行面积测绘。

（一）岩石的研究要点

在实践过程中，地质测绘工作的开展，必须将各种不同性质的岩石在地壳分布律与厚度变化情况进行研究，分析出岩石历史，并且在成因基础上，将各种岩石的变化与形成以及地壳大气圈联系起来。所以，需要全面地对研究区大地构造的情况与古地理与古气候进行了解，划分出岩石建造以及岩相变化。一般情况下，掌握这些规律，都是通过测绘前研究的地质资料实现的。在操作过程中，在掌握其成因与分布的基础上，需要按照野外观察到的岩石与建筑物相互作用的性能，在得到各种成因岩石的物理力学性质上，对各种岩石的完整性以及裂缝性进行判断，从而做出初步的判断。

（二）地质构造研究

地质构造是区域稳定的主要因素，在实践过程中，它在现代构造活动与断层活动中起到的作用非常明显。并且，地质构造在一定程度上对各种不同性质的岩体空间的位置与均一性以及完整性、岩体中各种软弱面与软弱带空间和建筑区岩体的稳定性造成了限定。因此，在构造研究的过程中，需要按照地质学原理进行，同时也需要按照地质历史进行分析，唯有如此，才能有效地将结构面力学组合与历史组合的规律查明，并且还要详细地统计分析节理因素，从而保证岩体结构得到定量模式化。

（三）地貌研究分析

在研究过程中，地貌构造、岩性、性构造运动以及近期外动力地质作用的结果，因此，对地貌研究能够有效地对岩性、新构造、规模进行判断，从而能够将表层沉积的结构以及成因判断，通过掌握该判断信息，就能够全面地对各种动力给地质发展历史与河流的发育信息进行掌握。因此，在非山区工程地质测绘阶段中，要重点对地貌进行研究，同时将地貌作为工程地质分区的基础。例如，某地貌按照地貌研究能够分成河漫、高平原与一级阶地，各个地貌都具备自己的地质结构与水文地质条件以及地质问题，其中，市区主要位于一级阶地，其上层覆盖为1~20的粉质黏土，下部为砂砾石、中粗砂与卵石含水层，厚度在25~40m，有良好的供水条件。而一般的建筑物地基是3m左右的粉质黏土层。而西郊处等部位属于高漫滩，其主要以粉质黏土为主，其厚度在114~410m，并且下层属于沙砾石层，同时地下水位深度为15m；沙砾层属于具备良好的透水层，并且在建筑范围中属于天然的地基，所以，该项目的第二水源确定地址就在该处。同时，在建筑地下室中，采用的是防水结构形式，施工时需要注意控制排除地下水造成的麻烦。

此外，某广大地区属于高平原，地势起伏非常大，表层为砂质泥岩石与白垩系泥岩，其厚度为20~40m，地下水层含量较少，人防工程与地下洞室地质条件较好。因此，在地貌研究过程中，需要将岩性与大地构造以及地质结构内容作为研究重点，同时需要将水文地质条件与自然地质作用结合起来。

（四）水文地质条件的研究

在水文地质条件研究的过程中，需要从岩性特征与地下水露头的性质、分布、水质、水量等方面进行分析，要掌握各个含水层的特征。在该研究阶段中，需要及时做好与自然现象给拟建工程产生的联系结合起来。例如，在楼房建设过程中，需要按照地下埋深与侵蚀性要求，对基础砌筑深度以及开挖等影响因素进行判断；而针对兴建水库地质的研究则需要结合水向外渗漏的实际情况，从而判断建设结构。

（五）自然地质现象的研究

在自然地质现象的研究过程中，需要对建筑区是否受到自然地质作用影响进行分析；此外，在自然地质现象发育条件研究中，需要注意自然地质现象与水文地质条件以及构造等方面之间的关系，从而能通过存在的性质，了解它产生的主要因素与发育情况。

（六）工程地质现象的研究

在地质现象调查过程中，需要对全部建筑物进行调查，不能单一地对某个损害物进行研究。在实践过程中，需要按照其变形情况，详细绘制草图；并对相关资料进行研究，了解工程构造特征。另外，在实践过程中，还需要通过直观地对观察区的地质条件以及施工记录与相关资料分析后了解建筑物所处的地质条件。

按照建筑物的实际结构特征以及其所处的环境地质发生的变形情况，结合长期的变形资料，将判定变形的原因分析出来，从而绘制图件。通过该方式，能够有效地将建筑区域工程地质条件的具体评价内容总结出来，从而能够对建筑物出现的变形情况正确预测出来。

二、岩土勘察工程地质测绘工作要求

在岩土勘察工程地质测绘工作中，工程地质勘察测绘调查的质量通常取决于测绘地区的自身条件。在进行岩土勘察工程地质测绘工作前，相关技术人员必须有针对性地对测绘地区，进行一次全方位的考察工作。在对测绘地区的考察过程中，应侧重对测绘区的切割状况、岩层条件、地质地貌、井泉存在状况进行全方位的勘测。经过一定的分析与探究，能够通过对测绘地区岩土物理性、地质特征、地质构造情况判断测绘地区地下地质的整体结构，提高勘察质量。

另外，岩土勘察工程地质测绘工作中，在测绘区存在大量植被的情况下，当遇到勘测条件不明显的状况，如果还是照搬常用的、传统的勘察技术与方法进行相关工作，岩土勘察工程地质测绘工作的效果可能达不到岩土勘察工作的总体要求。因此，在岩土勘察工程地质测绘工作过程中，相关的技术人员必须结合测绘地区的实际状况，采用有针对性的技术方案进行岩土勘察的工作，以期达到岩土勘察工程地质测绘工作的具体目标，促进岩土勘察工程地质测绘相关工作顺利地开展下去。

三、岩土勘察工程地质测绘的应用意义

（一）岩土勘察工程地质测绘应用的重要性分析

在岩土勘察工程地质测绘中，地质测绘的工作范畴是，对确定的测绘区域内的地层、岩性、构造、地貌、水文地质以及地理地质的现象进行深入的探究分析工作。同时，对相关工程的地质条件做出初步的判断与评价，并形成一定的书面资料。从理论层面分析，这些资料能够为工程选址的地质、水文勘察、桥梁隧道位置等施工勘探方案提供相对可靠的参考资料，有利于技术人员制订相关的施工方案，提高施工方案的安全性。经过不断的实践发展，在实践工作中整理的分析资料，通常对工程的地质测绘工作具有不可或缺的完善作用。随着社会经济发展水平的提高，我国城市化的发展进程不断推进，地质测绘的工

作，对我国社会经济建设的发展以及城市的规划发展，都发挥了重要作用。同时，在城市规划建设过程中，地质测绘工作为城市建筑工程项目的选址、施工建设、地质勘探、资源开采等工作，都起到了至关重要的作用。

（二）岩土勘察工程地质测绘中地理信息技术应用与意义

现阶段，我国与国外的岩土勘察工程地质测绘工作的发展水平，仍存在一定的差距。因此，在岩土勘察工程地质测绘工作方面，我们应在现有的发展基础上，积极地改进岩土勘察工程地质测绘工作应用的技术与方法，从而实现岩土勘察工程地质测绘工作的既定目标。随着科技的发展，地理信息技术（GIS）开始应用在岩土勘察工程地质测绘工作的过程，成为我国岩土勘察工程地质测绘工作与时俱进发展的重要表现之一。GIS 技术作为现代化技术，其自身融合了数字化测量、一体化测量、扫描矢量化、数据处理等特点，对于岩土勘察工程地质测绘的创新与完善发展，起到了巨大的推动作用。在实际应用过程中，为岩土勘察工程地质测绘工作提供了精确度极高的地理信息数据。规范化的数据，在促使岩土勘察工程地质测绘工作实现规范化、智能化的发展目的方面具有重要意义。

（三）岩土勘察工程地质测绘中遥感技术应用与意义

目前，随着信息技术的不断发展，遥感技术（RS），逐渐成为岩土勘察工程地质测绘工作进步与完善的重要依托。因 RS 技术自身具有时效性强、经济性能优越、监测数据准确等优势，所以较好地弥补了传统岩土勘察工程地质测绘工作地质勘察中地质勘察图像不清晰、地质数据不准确等缺点。不仅提高了勘察地质图像的分辨率，而且为岩土勘察工程地质测绘后期，技术人员进行相关数据的统计、分析，奠定了一定的理论基础。在岩土勘察工程地质测绘工作中，将 RS 技术适当地应用于勘测区域，一方面可以提高岩土勘察地质测绘水平，有效地避免岩土勘察工程地质测绘工作中出现严重的方向性失误的情况；另一方面，也能够在确保岩土勘察工程地质测绘工作水平上，节约勘察的工作成本。

（四）岩土勘察工程地质测绘中数字化技术应用与意义

科学技术的发展，在一定程度上促进了岩土勘察工程地质测绘工作整体水平的提高。因此，在岩土勘察工程地质测绘工作中，我们必须及时转变传统的工作理念，根据岩土勘察工程地质测绘工作的具体情况，有针对性地应用相应的技术。在岩土勘察工程地质测绘工程中采用数字化技术进行工作，可以有效地改善以往传统手工绘制图纸中出现的问题。科学地提高岩土勘察工程地质测绘图纸的精准度以及勘察的工作效率。数字化技术的应用，可以使相关技术人员在岩土勘察工程地质测绘中，直接利用现代设备将勘察得到的数据自动生成电子数字地质图纸，同时借助专业的绘图、编辑软件进行一定的修改与完善，从而有效避免岩土勘察工程地质测绘工作中出现严重的错误，影响相关工程的施工质量。

第二节　对不良地质观察的勘察

一、岩溶与土洞

（一）概述

岩溶又称喀斯特（Karst），是指地表中可溶性岩石（主要是石灰岩）受水的溶解而发生溶蚀、沉淀、崩塌、陷落、堆积等现象形成各种特殊的地貌，如石芽、石林、溶洞等，这些现象就总称为岩溶地貌。

岩溶地形的地面往往是石骨嶙峋、奇峰林立，地表崎岖不平，地下洞穴交错，地下河发达，有特殊的水文网。我国石灰岩分布面积约有 130 万平方公里，广西、贵州等省都有典型的岩溶地貌。我国的岩溶无论是在分布地域还是气候带以及形成时代上都有相当大的跨度，使不同地区岩溶发育各具特征。但无论是何种类型的岩溶，其共同点是：由于岩溶作用形成了地下架空结构，破坏了岩体完整性，降低了岩体强度，增加了岩石渗透性，也使地表面参差不齐，以及碳酸盐岩极不规则的基岩面上发育各具特征的地表风化产物——红黏土，这种由岩溶作用所形成的复杂地基常常会由于下伏溶洞顶板坍塌、土洞发育大规模地面塌陷、岩溶地下水的突袭、不均匀地基沉降等，对工程建设产生重大影响。在岩溶地貌地区，地表水系比较缺乏，严重影响农业生产。近年来，我国岩溶地貌的许多地方被开辟为旅游胜地，如广西的桂林山水、云南的路南石林、甘肃武都的万象洞等都很有名。

土洞是岩溶地区的一种特殊不良地质现象，是覆盖型岩溶区在特定的水文地质条件作用下，基岩面以上的部分土体随水流迁移携失而形成的土洞和洞内塌落堆积物，并引起地面变形破坏的作用和现象。

土洞对地面工程设施的不良影响，主要是土洞的不断发展而导致地面塌陷，对场地和地基都造成一定危害。由于土洞较之岩溶洞穴来说，具有发育速度快、分布密度大的特点，所以，它往往较溶洞危害大得多。土洞及由此引起的地面塌陷严重危害工程建设安全，是覆盖型岩溶区的一大岩土工程问题。

岩溶场地可能发生的岩土工程问题有如下几个方面。

地基主要受压层范围内，若有溶洞、暗河等存在，那么，在附加荷载或振动作用下，溶洞顶板坍塌会引起地基突然陷落。

在地基主要受压层范围内，当下部基岩面起伏较大，上部又有软弱土体分布时，引起地基不均匀下沉。

覆盖型岩溶区由于地下水活动产生的土洞，逐渐发展导致地表塌陷，造成对场地和地基稳定性的影响。

在岩溶岩体中开挖地下洞室时，突然发生大量涌水及洞穴泥石流灾害。从更广泛的意义上说，还包括有其特殊性的水库诱发地震、水库渗漏、矿坑突水、工程中遇到的溶洞稳定、旱涝灾害、石漠化等一系列工程地质和环境地质问题。

（二）土洞与潜蚀

土洞因地下水或者地表水流入地下土体内，将颗粒间可溶成分溶滤，带走细小颗粒，使土体被掏空成洞穴而形成。这种地质作用的过程称为潜蚀。当土洞发展到一定程度时，上部上层发生塌陷，会破坏地表原来的形态，危害建（构）筑物的安全和使用。

1. 土洞的形成条件

土洞的形成主要是潜蚀作用导致的。潜蚀是指地下水流在土体中进行溶蚀和冲刷。如果土体内不含可溶成分，则地下水流仅将细小颗粒从大颗粒间的孔隙中带走，这种现象我们称之为机械潜蚀。其实机械潜蚀也是冲刷作用之一，有所不同的是，它发生于土体内部，因而也称内部冲刷。如果土体内含有可溶成分，例如，黄土、含碳酸盐、硫酸盐或氯化物的沙质土和黏质土等、地下水流先将土中可溶成分溶解，而后将细小颗粒从大颗粒间的孔隙中带走，因而这种具有溶滤作用的潜蚀称之为溶滤潜蚀。溶滤潜蚀主要是因溶解土中可溶物而使土中颗粒间的联结性减弱和破坏，从而使颗粒分离和散开，为机械潜蚀创造条件。

2. 土洞的类型

根据我国土洞的生长特点和水的作用形式，土洞可分为由地表水下渗发生机械潜蚀作用形成的土洞和岩溶水流潜蚀作用形成的土洞。

由地表水下渗发生机械潜蚀作用形成的土洞，这种土洞的主要形成因素有以下三点。

①土层的性质是造成土洞发育的根据。最易发育成土洞的土层性质和条件存在于含碎石的亚砂土层内。这样地表水可以向下渗入碎石亚砂土层中，造成潜蚀的良好条件。

②土层底部必须有排泄水流和土粒的良好通道，在这种情况下，可使水流挟带土粒向底部排泄和流失。上部覆盖有上层的岩溶地区，上层底部岩溶发育是造成水流和土粒排泄的最好通道。在这些地区，土洞发育一般较为剧烈。

③地表水流能直接渗入土层中，地表水渗入土层内有三种方式：第一种是利用上中孔隙渗入；第二种是沿土中的裂隙渗入；第三种是沿一些洞穴或管道流入。其中第二种为渗入水流造成土洞发育的最主要方式。

由岩溶水流潜蚀作用形成土洞，这类土洞与岩溶水有水力联系，它分布于岩溶地区基岩面与上复的土层（一般是饱水的松软土层）接触处。

这类土洞的生成是由于岩溶地区的基岩面与上层接触处分布有一层饱水程度较高的软塑至半流动状态的软上层，而在基岩表面有溶沟、裂隙、落水洞等发育。这样，基岩的透水性很强。当地下水在岩溶的基岩表面附近活动时，水位的升降可使软土层软化，地下水的流动能在上层中产生侵蚀和冲刷，可将软土层的上粒带走，于是在基岩表面处被冲刷成洞穴，这就是土洞的形成过程。当土洞不断地被侵蚀和冲刷，便会逐渐扩大，直到顶板不能负担上部压力时，地表就会发生下沉或整块塌落，呈现蝶形的、盆形的、深槽的和竖井状的洼地。

基岩面附近岩溶和裂隙发育程度：当基岩面与土层接触面附近，如裂隙和溶洞溶沟溶槽等岩溶现象发育较好时，则地下水活动加强，造成潜蚀的有利条件，故在这些地下水活动强的基岩面上，土洞一般发育都较快。

（三）岩溶地基的类型与评价

1. 岩溶地基的类型

岩溶发育，往往使可溶岩表面石芽、溶沟丛生，参差不齐；地下溶洞又破坏了岩体的完整性。岩溶水动力条件变化，又会使其上部覆盖土层产生开裂、沉陷。这些都不同程度地影响着建筑物地基的稳定。

根据碳酸盐岩出露条件及其对地基稳定性的影响，可将岩溶地基划分为裸露型、覆盖型、掩埋型三种，而最为重要的是前两种。

（1）裸露型

缺少植被和土层覆盖，碳酸盐岩裸露于地表或其上仅有很薄的覆土，它又可分为石芽地基和溶洞地基两种。

石芽地基：由大气降水和地表水沿裸露的碳酸盐岩节理、裂隙溶蚀扩展而形成。溶沟间残存的石芽高度一般不超过 3m。如被土覆盖，称为埋藏石芽。石芽多数分布在山岭斜坡、河流谷坡以及岩溶洼地的边坡上。芽面极陡，芽间的溶沟、溶槽有的可深达 10 余米，而且往往与下部溶洞和溶蚀裂隙相连，基岩面起伏极大。因此，会造成地基滑动及不均匀沉陷和施工上的困难。

溶洞地基：浅层溶洞顶板的稳定性问题是该类地基安全的关键。溶洞顶板的稳定性与岩石性质、结构面的分布及其组合关系、顶板厚度、溶洞形态和大小、洞内充填情况和水文地质条件等有关。

（2）覆盖型

碳酸盐岩之上覆盖层厚数米至数十米（一般小于 30m）。这类土体可以是各种成因类型的松软土，如风成黄土、冲、洪积砂卵石类土以及我国南方岩溶地区普遍发育的残坡积红黏土。覆盖型岩溶地基存在的主要岩土工程问题是地面塌陷，对这类地基稳定性评价的同时需要考虑上部建筑荷载与土洞的共同作用。

2. 岩溶岩土工程评价

岩溶地基稳定性评价属于经验比拟法，适用于初勘阶段选择建筑场地及一般工程的地基稳定性评价。这种方法虽然简便，但往往有一定的随意性。在实际运用中应根据影响稳定性评价的各项因素进行充分综合分析，并在勘察和工程实践中不断总结经验。或者根据当地相同条件的已有成功与失败的工程实例进行比拟评价。

地基稳定性评价的核心，是查明岩溶发育和分布规律，对地基稳定有影响的个体岩溶形态特征，如溶洞大小、形状、顶板厚度、岩性、洞内充填和地下水活动情况等，上覆土层岩性、厚度及土洞发育情况。根据建筑物荷载特点，并结合已有经验，最终对地基稳定做出全面评价。根据岩溶地区已有的工程实践，下列若干成熟经验可供参考：

当溶沟、溶槽、石芽、漏斗、洼地等密布发育，致使基岩面参差起伏，其上又有松软土层覆盖时，土层厚度不一，常可引起地基不均匀沉陷；

当基础砌置于基岩上，其附近因岩溶发育可能存在临空面时，地基可能产生沿倾向临空面的软弱结构面的滑动破坏；

在地基主要受压层范围内，存在溶洞或暗河且平面尺寸大于基础尺寸，溶洞顶板基岩厚度小于最大洞跨，顶板岩石破碎，且洞内无充填物或有水流时，在附加荷载或振动荷载的作用下，易产生坍塌，导致地基突然下沉；

当基础底板之下土层厚度大于地基压缩层厚度，并且土层中有不致形成土洞的条件时，若地下水动力条件变化不大，水力梯度小，可以不考虑基岩内洞穴对地基稳定的影响；

基础底板之下土层厚度虽小于地基压缩层的计算深度，但土洞或溶洞内有充填物且较密实，又无地下水冲刷溶蚀的可能性；或基础尺寸大于溶洞的平面尺寸，其洞顶基岩又有足够的承载能力；或溶洞顶板厚度大于溶洞的最大跨度，且顶板岩石坚硬完整。皆可以不考虑土洞或溶洞对地基稳定的影响。

对于非重大或工程重要性等级属于二、三类的建筑物，属下列条件之一时，可不考虑岩溶对地基稳定性的影响。

①基础置于微风化硬质岩石上，延伸虽长但宽度小于 1m 的竖向溶蚀裂隙和落水洞的近旁地段。

②溶洞已被充填密实，又无被洪水冲蚀的可能性。

③洞体较小，基础尺寸大于洞的平面尺寸。

④微风化硬质岩石中，洞体顶板厚度接近或大于洞跨。岩溶地基稳定性的定性评价中，对裸露或浅埋的岩溶洞隙稳定评价至关重要。根据经验，可按洞穴的各项边界条件，对比表 3–1 所列影响其稳定的诸因素综合分析，做出评价。

鉴于以下两个原因，目前岩溶地基稳定性的定量评价较难实现：一是受各种因素的制约，岩溶地基的边界条件相当复杂，囿于探测技术的局限，岩溶洞穴和土洞往往很难查清；二是洞穴的受力状况和围岩应力场的演变十分复杂，要确定其变形破坏形式和取得符合实际的力学参数又很困难。因此，在工程实践中，大多采用半定量的评价方法。因目前尚属探索阶段，有待积累资料的不断增加。

表 3–1　岩溶洞穴稳定性的定性评价

因素	对稳定有利	对稳定不利
岩性及层厚	厚层块状、强度高的灰岩	泥灰岩、白去质灰岩，薄层状有互层，岩体软化，强度低
裂隙状况	无断裂，裂隙不发育或胶结好	有断层通过，裂隙发育，岩体被二组以上裂隙切割。裂缝张开，岩体呈干砌状
岩层产状	岩层走向与洞轴正交或斜交，倾角平缓	走向与洞轴平行，陡倾角
洞隙形态与埋藏条件	洞体小（与基础尺寸相比）呈竖向延伸的井状，单体分布，埋藏深，覆土厚	洞径大，呈扁平状，复体相连，埋藏浅，在基底附近
顶板情况	顶板岩层厚度与洞径比值大，顶板呈板状或拱状，可见钙质沉积	板岩层厚度与洞径比值小，有悬挂岩体，被裂隙切割且未胶结
充填情况	为密实沉积物填满且无被洪水冲蚀的可能	未充填或半充填，水流冲蚀着充填物，洞底见有近期塌落物
地下水	无	有水流或间歇性水流，流速大，有承压性

（四）岩溶场地岩土工程勘察要点

当拟建工程场地或其附近存在对工程安全有影响的岩溶时，应进行岩溶勘察。岩溶场地勘察的目的在于查明对场地安全和地基稳定有影响的岩溶化发育规律，各种岩溶形态的规模、密度及其空间分布规律，可溶岩顶部浅层土体的厚度、空间分布及其工程性质、岩溶水的循环交替规律等，并对建筑场地的适宜性和地基的稳定性做出确切评价。

岩溶勘察宜采用工程地质测绘和调查、物探、钻探等多种手段结合的方法进行，并应符合下列要求。

①可行性研究勘察应查明岩溶洞隙、土洞的发育条件，并对其危害程度和发展趋势做出判断，同时对场地的稳定性和工程建设的适宜性做出初步评价。

②初步勘察应查明岩溶洞隙及其伴生土洞、塌陷的分布、发育程度和发育规律，并按场地的稳定性和适宜性进行分区。

③详细勘察应查明拟建工程范围及有影响地段的各种岩溶洞隙和土洞的位置、规模、埋深、岩溶堆填物形状和地下水特征，并对地基基础的设计和岩溶的治理提出合理建议。

④施工勘察应针对某一地段或尚待查明的专门问题进行补充勘察。当采用大直径嵌岩桩时，尚应进行专门的桩基勘察。根据已有勘察经验，在岩溶场地勘察过程中，应查明与场地选择和地基稳定评价有关的基本问题如下。

各类岩溶的位置、高程、尺寸、形状、延伸方向、顶板与底部状况、围岩（土）及洞内堆填物性状、塌落的形成时间与因素等；

岩溶发育与地层的岩性、结构、厚度及不同岩性组合的关系，结合各层位上岩溶形态与分布数量的调查统计，划分不同的岩溶岩组；

岩溶形态分布、发育强度与所处的地质构造部位、褶皱形式、地层产状、断裂等结构面及其属性的关系；

岩溶发育与当地地貌发展史、所处的地貌部位、水文网及相对高程的关系，划分出岩溶微地貌类型及水平与垂向分带，阐明不同地貌单位上岩溶发育特征及强度差异性；

岩溶水出水点的类型、位置、标高、所在的岩溶岩组、季节动态、连通条件及其与地面水体的关系，阐明岩溶水环境、动力条件、消水与涌水状况、水质与污染；

土洞及各类地面变形的成因、形态规律、分布密度与土层厚度、下伏基岩岩溶特征、地表水和地下水动态及人为因素的关系。结合已有资料，划分出土洞与地面变形的类型及发育程度区段；

当场地及其附近有已（拟）建人工降水工程时，应着重了解降水的各项水文地质参数及空间与时间的动态，据此预测地表塌陷的位置与水位降深、地下水流向以及塌陷区在降落漏斗中的位置及其间的关系；

土洞史的调查访问、已有建筑使用情况、设计施工经验、地基处理的技术经济指标与效果等。勘察阶段应与设计相应的阶段一致。

为了评价洞穴稳定性，可采取洞体顶板岩样及充填物土样做物理力学性能试验。必要时可进行现场顶板岩体的载荷试验。当需查明土的性状与土洞形成的关系时，可进行覆盖层土样的物理力学性质试验。

为了查明地下水动力条件和潜蚀作用、地表水与地下水的联系、预测土洞及地面塌陷的发生和发展时，可进行水位、流速、流向及水质的长期观测。

岩溶勘察报告除应符合岩土工程勘察报告的一般规定外，还应包括下列内容：

岩溶发育的地质背景和形成条件；

洞隙、土洞、塌陷的形态、平面位置和顶底标高；

岩溶稳定性分析；

岩溶治理和监测的建议。

二、特殊地形引起的场地失稳

由于沙漠地区地形起伏较大，场地经整平后，挖方、填方形成原砂土和素填土的混合结构，以及砂土在沉积过程中迎风坡（一般为缓坡）与背风坡（一般为陡坡）密实程度的不同，都会影响地基土沉降的均匀性。在施工过程中，可采用边挖方边对回填上进行分层碾压的工作，并结合强夯、浸水、预堆载等处理措施，以提高地基土的均匀性及承载能力。

对地震烈度在 6~7 度区的沙漠地带，且地下水埋深较浅时，饱和沙土的地震液化判别是岩土工程勘察的重点。

风向、风速对沙土的风蚀、堆积作用影响较大。在流动沙丘地段的道路、管线设计中，应在保证线路总走向的前提下，尽量避免或减少穿越高大沙丘。如必须穿越沙丘地段，则管道应埋设在同一水平面上，不宜随沙丘面有起伏。塔里木沙漠公路设计中提出：道路通过高大沙垄、沙山与通过小沙丘时，前者沙害远大于后者。

环境方面。沙漠地段生态环境知觉较低。沙丘类型多为固定沙丘（北疆）。活动沙丘（南疆），且植被稀少。各类工程活动应尽量不破坏或少破坏原始地貌形态，对工程全过程进行 HSE 管理，在工程进行过程中坚持边施工边治理。如塔克拉玛干沙漠公路，在其公路两边种植的芦苇网格就是这方面治理方法的典型。

三、地面沉降的勘察

地面沉降勘察的目的和任务主要有以下几方面。

对已发生地面沉陷的地区，应查明地面沉降的原因和现状，并预测其发展趋势，提出控制和治理方案；

对可能发生地面沉降的地区，应结合水资源评价预测发生地面沉陷的可能性，并对可能的沉降层位做出估计，同时对沉降量进行估算，提出预防和控制地面沉降的建议，对地面沉降原因，应调查场地的地貌和微程。

对地面沉降现状的调查，应符合下列要求：按精密水准测量要求进行长期观测，并按不同的结构单元设置高程基准标、地面沉降标和分层沉降标，对地下水的水位升降，开采量和回灌量，化学成分、污染情况和孔隙水压力消散、增长情况进行观测，调查地面沉降对建筑物的影响。

四、泥石流勘察

泥石流是山区特有的一种自然地质现象。它是由于降水（暴雨、冰川、积雪融化水）产生在沟谷或山坡上的一种携带大量泥沙、石块和巨砾等固体物质的特殊洪流，是高浓度的固体和液体的混合颗粒流，俗称“走蛟”“出龙”“蛟龙”等。它的运动过程介于山崩、滑坡和洪水之间，是各种自然因素（地质、地貌、水文、气象等）或人为因素综合作用的结果。由于泥石流爆发突然，运动很快，能量巨大，来势凶猛，破坏性非常强，常给山区工农业生产建设造成极大危害，对山区铁路、公路的危害，尤为严重。

（一）泥石流的形成条件

泥石流的形成，必须同时具备三个基本条件：第一，有利于储集、运动和停淤的地形地貌条件；第二，有丰富的松散土石碎屑固体物质来源；第三，短时间内可提供充足的水源和适当的激发因素。

1. 地形地貌条件

地形条件制约着泥石流的形成、运动、规模等特征，主要包括泥石流沟的沟谷形态、集水面积、沟坡坡度与坡向和沟床纵坡降等。

（1）沟谷形态

典型的泥石流分为形成、流通、堆积等三个区，沟谷也相应具备三种不同形态。上游形成区多三面环山、一面出口的扇状、漏斗状或树叶状，地势比较开阔，周围山高坡陡，植被生长不良，有利于水和碎屑固体物质聚集；中游流通区的地形多为狭窄陡深的峡谷，沟床纵坡降大，使泥石流能够迅猛直泻；下游堆积区的地形为开阔平坦的山前平原或较宽阔的河谷，使碎屑固体物质有堆积场地。

（2）沟床纵坡降

沟床纵坡降是影响泥石流形成、运动特征的主要因素。一般来说，沟床纵坡降越大，越有利于泥石流的发生，但比降在 10% ~30%的发生频率最高，5% ~10%和 30%~40%的其次，其余发生频率较低。

（3）沟坡地形

坡面地形是影响泥石流固体物质来源的主要因素，其作用是为泥石流直接提供固体物质。沟坡坡度是影响泥石流固体物质的补给方式、数量和泥石流规模的主要因素。一般有利于提供固体物质的沟谷坡度，在我国东部中低山区多为 10~30 度，固体物质的补给方式主要是滑坡和坡积、洪积堆积土层，在西部高中山区多为 30~70 度，固体物质和补给方式主要是滑坡、崩塌和岩屑流。

（4）集水面积

泥石流多形成在集水面积较小的沟谷，面积为 0.5~10 平方公里者最易产生，小于 0.5 平方公里和 10~50 平方公里在其次，发生在汇水面积大于 50 平方公里以上者则较少。

（5）斜坡向

斜坡向对泥石流的形成、分布和活动强度也有一定的影响。阳坡和阴坡相比较，阳坡具有降水量较多，冰雪消融快，植被生长茂盛，岩石风化速度快、程度高等有利条件，故一般比阴坡发育良好。如我国东西走向的秦岭和喜马拉雅山南坡产生的泥石流就比北坡要多得多。

2. 碎屑固体物源条件

某一山区能作为泥石流中固体物质的松散土层的多少，与该地区的地质构造、地层岩性、地震活动强度、山坡高陡程度、滑坡、关系崩塌等地质现象发育程度以及人类工程活动强度等有直接关系。

（1）与地质构造和地震活动强度的关系

地区地质构造越复杂，褶皱断层变动就越强烈，特别是规模大、现今活动性强的断层带，岩体破碎十分严重，宽度可达数十条甚至数百米，常成为泥石流丰富的固体物源。

（2）与地层岩性的关系

地层岩性与泥石流固体物源的关系，主要反映在岩石的抗风化和抗侵蚀能力的强弱上。一般软弱岩层、胶结成岩作用差的岩层和软硬相间的岩层比岩性均一和坚硬的岩层易遭受破坏，提供的松散物质也多，反之亦然。

花岗岩类，由于结构构造和矿物成分的特点，物理和化学风化作用强烈，导致岩体崩解，形成块石、碎屑和砂粒，形成大厚度的风化残积层，当其他条件具备时可形成泥石流。

石灰岩分布地区，石灰岩只有经物理风化和经淋溶的残积红土以及经地质构造作用的破碎带，才可能成为泥石流的固体物源。由于石灰岩具可溶性，溶蚀现象发育，塌陷、漏斗等岩溶堆积松散土多见，难以成为泥石流的固体物源，再加上岩溶地区地表水易流入地下，故灰岩地区泥石流现象较为少见。

除上述地质构造和地层岩性与泥石流固体物源的丰度有直接关系外，当山高坡陡时，斜坡岩体卸荷裂隙发育，坡脚多有崩塌坡积土层分布；地区滑坡、崩塌、倒石锥、冰川堆积等现象越发育，松散土层也就越多；人类工程活动越强烈，人工堆积的松散层也就越多，如因采矿弃渣、基本建设开挖弃土、砍伐森林造成的严重水土流失等。这些均可为泥石流发育提供丰富的固体物源。

3. 水源条件

水既是泥石流的重要组成成分，又是泥石流的激发条件和搬运介质。泥石流水源提供有降雨、冰雪融水和水库（堰塞湖）溃决溢水等方式。

（1）降雨

降雨是我国大部分泥石流形成的水源，遍及全国的 20 多个省、市、自治区，主要有云南、四川、重庆、西藏、陕西、青海、新疆、北京、河北、辽宁等，我国大部分地区降水充沛，并且具有降雨集中，多暴雨和特别大暴雨的特点，这对激发泥石流的形成起了重要作用。集中和强度较大的暴雨是促使泥石流爆发的主要动力条件。

（2）冰雪融水

冰雪融水是青藏高原现代冰川和季节性积雪地区泥石流形成的主要水源。特别是受海洋性气候影响的喜马拉雅山、唐古拉山和横断山等地的冰川，活动性强，年积累量和消融量大，冰川前进速度快，下达海拔低，冰温接近熔点，消融后能为泥石流提供充足水源。当夏季冰川融水过多，涌入冰湖，造成冰湖溃决溢水而形成的泥石流或水石流则更为常见。

（3）水库（堰塞湖）溃决溢水

当水库溃决，大量库水倾泻，而且下游又存在丰富松散堆积土时，常形成泥石流或水石流。特别是当泥石流、滑坡在河谷中堆积，形成的堰塞湖溃决时，更易形成泥石流或水石流。

（二）泥石流的分类及其特征

1. 按泥石流成因分类

人们往往根据起主导作用的泥石流形成条件，来命名泥石流的成因类型。在我国，科学工作者将泥石流划分为冰川型泥石流和降雨型泥石流两大成因类型。另外，还有一类共生型泥石流。

冰川型泥石流：是指分布在高山冰川积雪盘踞的山区，其形成、发展与冰川发育过程密切相关的一类泥石流。它们是在冰川的前进与后退、冰雪的积累与消融，以及与此相伴生的冰崩、雪崩、冰碛湖溃决等动力作用下所产生的，又可分为冰雪消融型、冰雪消融及降雨混合型、冰崩—雪崩型及冰湖溃决型等亚类。

降雨型泥石流：是指在非冰川地区，以降雨为水体来源，以不同的松散堆积物为固体物质补给来源的一类泥石流。根据降雨方式不同，降雨型泥石流又分为暴雨型、台风雨型和降雨型三个亚类。

共生型泥石流：这是一种特殊的成因类型。从共生作用的方式来看，它们包括了滑坡型泥石流、山崩型泥石流、湖岸溃决型泥石流、地震型泥石流和火山型泥石流等亚类。由于人类不合理经济工程活动而形成的泥石流，称为“人为泥石流”，也是一种特殊的共生型泥石流。

2. 按泥石流体的物质组成分类泥石流

这是由浆体和石块共同组成的特殊液体，固体成分从粒径小于 0.005mm 的黏土粉砂到几米至 10~20m 的大漂砾。它的级配范围之大是其他类型的夹沙水流所无法比拟的。这类泥石流在我国山区的分布范围比较广泛，对山区的经济建设和国防建设危害十分严重。

泥流：是指发育在我国黄土高原地区，以细粒泥沙为主要固体成分的泥质流。泥流中黏粒含量大于石质山区的泥石流，黏粒重量比可达 15%以上。泥流中含有少量碎石、岩屑，黏度大，呈稠泥状，结构比泥石流更为明显。我国黄河中游地区干流和支流中的泥沙，大多来自这些泥流沟。

水石流：是指发育在大理岩、白云岩、石灰岩、砾岩或部分花岗岩山区，由水和粗砂、砾石、大漂砾组成的特殊流体，黏粒含量小于泥石流和泥流。水石流的性质和形成，类似山洪。

3. 按泥石流流体性质分类黏性泥石流

指呈层流状态，固体和液体物质做整体运动，无垂直交换的高容重（1.6~2.3t/m）浓稠浆体。承浮和托悬力大，能使比重大于浆体的巨大石块或漂砾呈悬移状，有时滚动，流体阵性明显，有堵塞、断流和浪头现象；流体直进性强，转向性弱，遇弯道爬高明显，沿程渗漏不明显。沉积后呈舌状堆积，剖面中一次沉积物的层次不明显，但各层之间层次分明；沉积物分选性差，渗水性弱，洪水后不易干涸。

稀性泥石流：指呈紊流状态，固液两相做不等速运动，有垂直交换，石块在其中作翻滚或跃移前进的低容重（1.2~1.8t/m）泥浆体。浆体混浊，阵性不明显，与含沙水流性质近似，有股流及散流现象。水与浆体沿流程易渗漏、散失。沉积后呈垄岗状或扇状，洪水后即可干涸通行，沉积物呈松散状，有分选性。

以上是我国常见的三种分类方案。

此外，还有按水源类型划分为：降雨型、冰川型、溃坝型；按地形形态划分为：沟谷型、坡面型；按泥石流沟的发育阶段划分为发展期泥石流、旺盛期泥石流、衰退期泥石流、停歇期泥石流；按泥石流的固体物质来源划分为滑坡泥石流、崩塌泥石流、沟床侵蚀泥石流、坡面侵蚀泥石流等。

4. 泥石流的综合分类

泥石流的综合分类综合反映了泥石流的成因、源的特征、物质组成、流体性质、危害程度等因素，有利于区域泥石流资料的分级整理、对比、分析、电子储存；又便于定量制图，泥石流的工程分类依据定性指标和定量指标进行划分。

定性指标依据泥石流的特征和流域特征两个指标，将泥石流分为高频率泥石流沟谷和低频率泥石流沟谷两大类别；

泥石流特征的划分依据：泥石流发生的周期；固体物质的来源；泥石流形成时暴雨的强度；泥石流形成的主要因素；泥石流的规模。

泥石流流域特征的划分依据：泥石流分布区特征；泥石流沟谷和堆积区特征；泥石流沟床坡降比。

定量特征依据如下指标在泥石流类别的基础上又可划分为三个亚类：指破坏程度最为严重、中等、轻微的泥石流。

流域面积；

固体物质一次冲出量；

泥石流沟谷的暴发流量；

泥石流堆积区的面积。

（三）泥石流勘察要点

泥石流勘察应以岩土工程测绘和调查主要勘察手段，一般情况下不进行勘探和测试，岩土工程测绘范围应注意以下几点。

冰雪融化和暴雨强度，前期降雨量，一次最大降雨量，平均及最大流是地下水活动等情况。

地形地貌特征，包括沟谷的发育程度、切割情况，坡度，弯曲，粗糙程度，并划分泥石流的形成区、流通区和地积区，描绘整个沟谷的汇水面积。

形成区的水源类型、水量、汇水条件、山坡坡度、岩层性质及风化程度：查明断裂、滑坡、崩塌、岩堆等不良地质作用的发育情况及可能形成泥石流固体物质的分布范围。

流通区的沟床纵横坡度、跌水、急弯等特征，查明沟床两侧山坡坡度、稳定程度以及沟床的冲淤变化和泥石流痕迹。

堆积区的堆积扇分布范围、表固形态、纵坡、植被、沟道变迁和冲淤情况；查明堆积物的性质、层次、厚度，一般粒径和最大粒径；判定堆积区的形成历史、堆积速度估算一次最大堆积量。

泥石流沟谷的历史，历次泥石流的发生时间、频数、规模、形成过程、暴发前的降雨情况和暴发后产生的灾害情况。

开矿弃渣、修路切坡、砍伐森林、陡坡开荒和过度放牧等人类活动情况以及当地防治泥石流的经验。

五、边坡工程勘探

在现行勘察技术规范中，按边坡地质的复杂程度和项目安全级别可分为三个勘察等级，并根据勘察等级确定勘探线间距和勘探点布置间距，未能充分考虑边坡岩土层特性、结构类型等要素，在一定程度上影响了边坡勘探点布置的合理性、科学性。

（一）现行勘察技术规范要求

根据《建筑边坡工程技术规范》（GB 50330—2013）（以下简称《边坡规范》）要求，不同勘察等级划分及对应的勘探点和勘探线距离要求不同，其中，勘察等级一级，勘探线距离≤ 20m，勘探点距离≤ 15m；勘察等级二级，勘探线距离 20~30m，勘探点距离 15~20m；勘探等级三级，勘探线距离 30~40m，勘探点间距离 20~25m。而根据《岩土规范》，勘察等级一级，勘探线距离为 50~100m，勘探点距离为 30~50m；勘察等级二级，勘探线间距为 75~150m，勘探点间距为 40~100m；勘察等级三级，勘探线间距为 150~300m，勘探点间距为 75~200m。两种技术规范对勘探点、勘探线要求不同。

（二）勘探点布置要点分析

勘探点间距布置应综合考虑勘探点间距布置的影响因素、勘探点间距的区域划分，并综合考虑边坡支护结构类型。

1. 考虑勘探点间距布置因素影响

边坡勘探点间距布置受边坡岩土类型、岩土分布均匀性的影响显著。岩土类型单一的，可适当提高勘探孔间距，如岩土体类型较为复杂且分布不均匀的，应适当加密勘探孔间距。勘探孔间距应结合边坡安全等级和边坡岩土体类型等实际情况进行调整，而非固定值，不应仅依赖于边坡安全等级，确定勘探孔间距。

2. 边坡勘探点间距区域划分

在边坡工程岩土勘察中，由于边坡岩土层分布不均匀，其不同区域岩土性质存在较大差异，导致岩土勘察结果不能全面、准确地体现岩土地质的均匀性和稳定性。在岩土勘察中，应根据岩土地质分布规律初步判断和划分勘察区域，根据边坡岩石露出区域、覆盖层厚度较大区域和回填土区域初步勘察情况，将边坡工程划分为若干勘察区，并根据现场勘察区拟定勘探点布置方案，以此确定支护结构方案。针对岩石露出区域，可适当增加勘探点间距，填土区域可适当加密勘探点。

3. 勘探点间距设置应考虑支护结构类型

在勘探点间距设置中，需要综合考虑支护结构类型对勘探点布置间距的影响，不同的支护结构类型对应选择的勘察方法不同。

锚杆支护边坡工程适宜采用主—辅勘探线勘察法勘察，各区域单元设置主勘探线，并在主勘探线两侧布设辅勘探线。勘探点布置间距和勘探线间距应根据边坡岩体类型、岩体分布程度进行适当调整，确保锚杆支护区域范围内均设置勘察孔。建议当岩土体差异大时，勘探点和勘探线间距应设置在 30~35m；当岩土体差异较大时，勘探点和勘探线间距应设置在 35~50m；当差异小时，勘探点和勘探线间距设置在 50~80m。

当选用挡土墙作为边坡支护结构时，勘探线布置应沿挡土墙基础底部中心线布置，以挡土墙基地宽度为基准，同步设置勘探点和勘探线间距，如边坡挡土墙宽度超过 10m，则应适当增加勘探线。建议当岩土体差异大时，勘探点和勘探线间距应设置在 15~20m；岩土体差异较大时，勘探点和勘探线间距应设置在 20~30m；当差异小时，勘探点和勘探线间距应设置在 30~50m。

当边坡支护结构采用抗滑桩时，勘探点和勘探线沿抗滑桩轴线布置，建议岩土体差异大时，勘探点和勘探线间距应设置在 20~25m；岩土体差异较大时，勘探点和勘探线间距应设置在 25~30m；当差异较小时，勘探点和勘探线间距应设置在 30~35m。

在岩土勘察工程中，边坡工程勘探点和勘探线受多方面因素影响显著，要求勘察单位结合边坡工程现场实际情况合理布置勘探点和勘探线，综合考虑岩土分布的均匀性、岩土体类型对勘探点、勘探线布置间距的影响，初步划分勘察区域，并结合边坡支护结构类型，合理设置勘探点和勘探线间距，提高岩土勘察结果准确性。

第三节　对地貌的勘察

对地貌的勘察是指在岩土工程勘察开展时，对现场土质和土层性质、状态、结构等信息进行收集与整理，通过明确的地质信息优化施工设计方案，为施工方案的完善与实施提供重要参考信息。勘探取样一般利用钻孔技术，可以做到准确地判断施工环境的水位情况，从而准确掌握施工现场地下水的真实情况。同时，在部分需要挖掘隧道的深层次岩土勘察中，必须严格遵守各类勘探标准和要求，保证岩土工程勘测的有效性。

一、结合实际情况开展施工

在实际的工程项目施工过程中，必须结合实际情况，对地区特殊地质地貌区的工程项目选用合适的岩土工程勘察钻探技术，同时进行有效的对接和设计，结合有效的施工手段采取优化措施，经过实际工程状况集中分析，有效地提供有价值的建议以及施工策略，切实结合岩土工程勘察，有效满足工程施工勘察阶段的实际要求，要结合实际的勘测指标，力求正确反映实际的地质条件，有效地剔除灾害的影响，结合评价正确的勘察报告发挥良好的促进和保障作用。

现阶段的岩土工程勘察工作具有重要的现实意义，必须严格按照行业规范执行有效的施工策略和手段，有效地为安全生产和实际的建设工作保驾护航。必须有效地结合实际的技术手段探明地下的实际岩土和地质情况，为生产提供有效的参考数据以及安全技术保障。在工程的设计和准备阶段有效地结合勘察，拿出具有参考性的实际数据，对于适合生产的地形进行有效的确认，保证生产建设的开展；对于存在地质问题的隐患问题，就要结合有效的可行性论证，切实评估工程的可操作性，对于可以改进的实际情况商议出有效的解决措施，从而有效地提升实际安全效能，有效地排除隐患。

（一）特殊地质地貌区岩土工程勘察方法

在实际工作中对工程所处的地形地貌特征进行深入研究可以发现，需要勘察的岩土工程普遍存在于特殊地质地貌区，且受当地气候地形因素影响往往导致多次勘察数据结果存在一定差异，增加了勘察人员对该研究区岩土工程进行勘察施工的难度，且勘察人员针对不同地区的岩土工程提出具有一定针对性的勘察施工技术时，应充分结合特殊地质地貌区的岩土工程特点，选用特定的勘察施工技术，从而在根源上提高现阶段特殊地质地貌区岩土工程勘察的工作效率与勘察质量。勘察人员在制定与本地区相契合的岩土工程勘察方法时应按顺序遵循以下三点勘测原则。

勘察人员在岩土工程勘察施工筹备阶段需要对所勘察地区的地质以及勘察区域的构造特征进行充分把握，并根据前期区域地质的勘察结果判断该勘察区域是否存在后期构造活动，如果经勘察人员实地勘察后发现该区域存在后期构造活动，而且该地区岩土工程施工范围内未见区域性锻炼，可推导出特殊地形地貌区的岩土工程并不存在由于活断层而影响本区域内部工程施工的安全稳定性，从而在后续勘察阶段制定与本地区岩土工程勘察内容相契合的工程施工勘察方法。

特殊地质地貌区岩土工程勘察人员在实际勘察过程中需要根据工程所在地的气象条件、与岩土工程勘察工作相关的工程地质条件以及后续勘察工程中必须涉及的水位地质条件等因素综合制定出与特殊地质地貌区岩土工程勘察工作相契合的勘测方法。其中，以勘察工程中涉及的工程地质条件为例，现阶段，我国的特殊地质地貌区岩土工程地质条件普遍由以下三部分构成：以人工填土层为核心的工程地质层、以第四系坡残积层为核心的工程地质层以及以石炭系石灰岩为核心的工程地质层。因此，特殊地质地貌区岩土工程勘察人员在实际勘察过程中应针对不同的工程地质层采取不同的岩土工程勘察方法，从而提高勘察工作的数据准确性。勘察地区的气象变化是影响特殊地质地貌区岩土工程勘察有效性的主要影响因素之一，勘察人员在实际勘察过程中，需要根据勘察地区气象局提供的与区域气象特征相关联的气象资料，针对不同勘察地区的气象条件采取不同的特殊地质地貌区岩土工程勘察方法。水文地质条件是影响特殊地质地貌区岩土工程勘察结果准确性的重要影响因素之一，勘察人员在拟施工场地时应充分考虑不同水文地质条件对特殊地质地貌区岩土工程勘察结果的影响，并在选择勘察方法时结合不同地区的水文地质条件选择合适的岩土工程勘察方法。

特殊地质地貌区岩土工程勘察人员在制定与本地区岩土结构相适宜的勘察方法时，应充分考虑不同勘察现场所揭露的特殊地质地貌分布情况，并根据不同勘察结果选择不同的特殊地质地貌区岩土工程勘察方法。经科学研究调查结果显示，现阶段我国特殊地质地貌区岩土工程勘察区域的场地地貌普遍为全 / 半充填型，且场地的填充物质多为软装黏性土或流塑状黏性土。因此，特殊地质地貌区岩土工程勘察人员在实际勘察中应根据研究区地形地貌分布情况进行梳理分析，从而选择适合该区域的岩土工程勘察方法。

（二）特殊地质地貌区岩土工程勘察技术应用

岩土工程勘察人员在制定好特殊地质地貌区的岩土工程勘察方法后需要根据场地情况引入恰当的勘测技术，从而在一定程度上提高岩土工程的勘察效率与勘察质量。在选择合适的特殊地质地貌区岩土工程勘察技术时，勘察人员需要从以下两方面入手，通过以下两种措施之间的协同配合，综合提高岩土工程勘察技术的应用程度，从而大幅度提高本地区的岩土工程勘察有效性。

一方面，勘察工作人员在对工程施工场地情况进行合理化分析时，要从本地区的地质地貌现状入手进行分析，根据不同场地内部填充物质的不同对该研究区的后续发展情况进行判断，从而提高特殊地质地貌区岩土工程勘察技术的应用程度。

另一方面，岩土工程勘察人员在应用强档的岩土工程勘察技术时，需要充分考虑工程施工场地不良地质作用对岩土工程勘察技术应用的影响。众所周知，地面塌陷是场地地质地貌不稳定的主要表现形式之一，且从物质组成的角度出发可知，地面塌陷的类型主要可以分为以下两类：一类为由于石灰岩中的顶板塌陷导致的地面塌陷，另一类则为覆盖层中的土洞顶板塌陷导致的地面塌陷，而不同的工程施工场地中不良地质作用也是降低特殊地质地貌区岩土工程勘察技术应用效率的影响因素。因此，在实际勘察过程中相关人员应尽量避免上述两方面因素对特殊地质地貌区岩土工程勘察技术应用程度的影响。

二、素砼回填法

在实际建设过程中，实际的勘探工作必不可少，必须结合有效的技术手段，有效地考量实际的承载压力，从而有效地降低离心力的效应，结合施工现场的实际情况，拿出确定具体的数据，对于后续工程的开展提供有力的数据支持。同时不仅要结合一系列的物理指标进行有效判定，还要对于施工场地的地形形成原因进行有效判断，严密地关注施工场地的水文地质情况，避免对于施工场地土质情况的影响。结合有效的地质情况科学评估，防止地质灾害的发生，促进安全生产的有效实施。

在各类工程勘察过程中，要结合勘察的基本要求，从而有效地采取实际的勘测手段，详细勘察针对的建筑群，从而有效地提出详细的岩土工程资料，以此作为实际的数据基础展开施工设计，确定实际施工中的岩土参数，从而有效地对工程施工区做出岩土工程勘察相关评价。另外，结合地质作用的类型和成因，综合考量实际的地质发展趋势和危害程度，从而做到有效地对接，提出有效的整治方案，有效地分析岩土层的类型和特征，系统地评价地基的稳定性和承载力。

而在特殊地形地貌区岩土工程勘察环节，应注意勘察孔洞内的状态，若孔洞内的填充物为流塑状态黏土、松散砂土，或无填充物的情况下，且孔洞高度不大深度大，同时，具有严重塌孔或漏水的现象，则可以通过旋挖钻机开展工作，将钻机至溶洞底板，并冲掏干净溶洞内的溶土，然后，在孔洞内灌入低标高混凝土，C20或C15，将其灌至孔洞内2m的位置，并将导管插入洞底，在灌注3天后进行复成孔，部分孔内充填物较难掏干净，或溶洞内区域较大的情况，应形成孔多次回填，确保特殊地形地貌区顺利通过钻孔。

三、钢护筒跟进法

在实际施工阶段，要有效地建立所有工程预案，结合有效的勘察探点的布置，从而精确地满足对地基均匀性的要求，结合勘探点的有效设计，有效地符合勘测的实际规定，从而保障勘探孔深度，切实地保障应能控制地基的受力层，从而实施有效的计算作为参考和准备，结合有效的施工设备开展一系列的施工准备，逐渐在勘探过程中深入稳定地层，从而满足抗浮设计的要求。结合设置抗浮桩确保勘探孔深度，切实结合抗浮承载力的要求，达到安全生产的预设指标。在实际勘测过程中，在遇见大面积地面堆载或软弱时，必须适当加深控制性勘探孔的深度，结合基岩或厚层碎石土等稳定地层，进行勘探孔深度及时调整。此外，对于埋深不深，且多层或单层孔洞成垂直串珠装，或在洞高≥2.5m的情况下，应通过钢护筒法开展施工。本方法的特点是一面接高护筒，一面成孔，并将其震动或压倒下沉至已经钻成的孔内。比如，可以选择内护筒的沉放或钢护筒，当旋挖钻头在孔洞顶部穿过时，应提升清掏能力，若钻头没有明显受阻，说明顶部已经形成垂直、圆滑的成孔，应将内护筒用钢丝绳活扣进行捆绑，并通过吊机将内护筒在孔底内沉入，还应借助震动锤进行辅助下沉。而在利用旋挖成孔钢护筒开展施工的过程中，应对孔径加以扩大，确保钢护筒的下沉能够顺利。对于外径大于 ±4cm的钢护筒，应利用满足成孔要求的钻头直径替代护筒到位后的钻头。

此外，在选择钢护筒的过程中，应注意对内护筒的内径和长度进行确定，护筒长度为$L=(h+H+1)$ m，其中，地面+30cm高度用H表示，地质钻探对溶洞高度进行确定，用h表示。大于桩直径10cm的为多层护筒最内层护筒，而单层护筒内径比内层互筒外径大10cm。同时，应确保钢护筒孔径的准确度，用卷板机进行成型，并保证连接的顺直性。钢护筒的钢板厚度δ应为12mm，两个大孔洞采取双层护筒，单个大孔洞采取单层护筒。

四、常规成孔法及注浆法

随着经济的发展，我国岩土工程项目数量不断增长，在各种工程项目施工工作的开展过程中必须保持高质量的要求，结合有效的勘测手段处理复杂的地质条件因素，并结合实际情况建构有效的施工技术和手段，系统化的技术手段，不断地实施更为优化的实践策略，制定合理的、更具科学性的钻探方案，有效地保证建设企业的经济效益和社会效益。尤其是在岩土工程中的桩基处理方面，应在特殊地形地貌区桩基施工中以超前钻的方式开展施工，桩基施工环节，对孔洞填充、高度、深埋等情况进行确定，并结合地质条件的不同进行选择，制定有效的施工技术方案。比如，在无孔洞地质情况下，应通过常规成孔法进行施工，当孔洞内有硬塑、可塑性黏性土或填充物，且孔洞不漏水的情况下，不用考虑孔洞的数量，只需按照正常的地质情况开展施工即可。而在利用注浆法进行施工的环节，其孔洞层数较多，且孔洞多以串珠状呈现，此方法适用于孔洞中填充松散砂类或深度较大的孔洞。同时，应以地质钻孔机进形成孔，成孔深度应比最下层孔洞深 1m 以上，大直径桩时应确保周边有 3~5 个孔，小直径桩基应确保成孔在桩心。

在成孔后，应确保将花眼在管身加工，注浆管应利用ϕPVC 管。应采用 30cm 水泥浆进行封孔，并在此后 24 小时后进行注浆。注浆的水泥应采用 pc32.5 水泥，水灰比为 0.6~1 纯水泥浆，控制注浆压力＜ 0.4MPa，在相邻孔冒浆或压力增大至 1.5MPa 的情况下才表示注浆成功，成孔会在 7 天后开始。

五、研究特殊地形地貌区的岩土结构

在研究特殊地形地貌区岩土的实际结构时，必须有效地实施套管等具体保护手段，促进工程的顺利实施，有效预防不良地质作用和地质灾害的实际影响，在工程场地附近进行岩土工程勘察，有效地降低对工程安全有影响的滑坡或滑坡的灾害发生，结合专门的滑坡勘察处理危险地层和崩塌所造成的实际影响，以实际的危害状况为依据进行危岩和崩塌勘察，同时降低发生泥石流的安全影响，结合专门的泥石流勘察划分施工过程中的危险地段，确保针对性在地面以下 15m 的范围内建设桩基和基础，同时结合埋深较大的天然地基实施有效保护，结合有效的勘探点判断土壤液化深度，结合实际工程的规定确定液化等级，结合液化的土层和液化指数，按照实际的指数综合确定场地的实际保护措施。同时，还要结合水文地质参数测试地下水的水位，结合有效的稳定时间进行多层水位测量，之后结合有效的治水措施，形成岩土工程分析和评价报告，有效地设立岩土工程勘察报告，切实根据任务要求在勘察阶段进行有效编写，结合实际勘察目的和任务要求，设立有效的技术标准，全面把握施工工程的整体概况，采取有效的勘察方法开展勘察工作，对于场地的地形地貌进行综合性评估，检测出有效的岩土性质指标，有效地降低影响工程稳定的不良地质作用，提升施工场地的稳定性和适宜性。在实际的岩土土层监测工作开展过程中，必须结合有效的实施策略和技术手段，科学合理地采用相关的技术方法和操作手段，对于不同土质要进行有效的勘测和分析，结合有针对性的勘测工作对于土质情况进行判断，有效地面对实际生产过程中的状况，结合实际问题进行具体分析和针对性的解决。

六、实现严格的监管职能

在实际工程施工过程中，还要有效地落实相关职能部门，实施有效的监管职能，从根本上促进岩土工程勘察钻探的安全操作规程，有效地遵守施工规定对钻塔构件进行严格检查，确保钻塔工作是在机长的指挥下有序进行，规范化地管理安装人员，在进入场地时戴安全帽、穿橡胶鞋，规范携带施工工具，严格控制塔下进行工作的操作规范，结合钻架、顶部架的安全绷绳进行固定，结合专人统一指挥，有效地观测钻架起落过程中的动向。

在拆卸各种机器时也要进行严格的规范化管理，禁止用大锤猛力敲打，对于机器的小零件做到安排专人妥善保存，在汽车搬运机械时放稳绑牢，搭建足够强度的跳板，确保吊架腿的牢固性。钻机整体迁移时要保证地面的平坦，有效地实施预防倾斜措施，在实际工程当中发挥技术人员的促进因素。全面提升工程勘测和施工结果的准确性，结合对于安全管理人员的系统培训，树立严谨的科学态度，确保管理人员以良好的工作态度尽职尽责，结合有效的管理意识和专业的知识把实际工作做好。

在进行管理部门职责划分的过程中，必须有效地保障规范化的业务流程的学习，结合有效的管理技能编订学习资料，组织管理人员有效地学习和培训，结合有效的测试和实际演练，切实结合地质测绘和岩土勘验，选取有效的技术手段和管理手段，在实际工作中发挥指导作用，结合当地地形的有效分析做出判断，最终对岩土层的风化程度进行有效鉴别后开展施工，对于后续的施工采取有效安全保障。同时，在工作过程中还要结合严格的操作规范和考核制度，提升全员的工作认真态度，对于麻痹大意造成的恶性后果严肃追责，以保障实际的管理效果。

第四节　对水文地质的勘察

在岩土工程勘察过程中，水文地质问题始终是一个容易被忽视的问题。水文地质在岩土工程中起着非常重要的作用，它和工程地质有着十分密切的关系，因为地下水不但是岩土的重要组成部分，而且其影响建筑物的稳定性和耐久性。在一些水文地质条件较复杂的地区，因为人们经常忽视水文地质的勘察工作，影响岩土工程的进展，所以，在岩土工程勘察中加强水文地质的勘察是十分必要的。

一、水文地质勘察在岩土工程勘察中的发展现状

在水文地质勘察在岩土工程勘察中的应用过程中，首先应当摸清地质灾害的规模。根据这些数据确定与之相对应的技术条件，进而对其经济价值进行全面合理的评价，为后续的治理设计提供数据支撑。通过这种工作进度既不能提高整体水文地质勘察效率，也不能确保水文地质勘察的经济合理性，资料数据质量也不能获得保证，整体技术水平相对较低。这种传统方法存在很多弊端，会直接影响水文地质勘察的效率以及质量。

（一）充分利用地质环境在水文地质勘察

在岩土工程勘察中应用过程中，应当加强对于地质环境的研究。与此同时，地质环境研究也是确保水文地质勘察在岩土工程勘察中的应用顺利开展的重要条件。因此，在推进水文地质勘察在岩土工程勘察应用的过程中，首先，应当对周围的地质环境进行分析以及掌握，这不仅有利于水文地质勘察工作的进行，同时，也能帮助工作人员了解周围可能存在的安全危险因素。只有对地质环境有全面的了解，才能更好地应用水文地质技术。其

次，应当注重对周围环境的保护，在工作过程中，一定要树立可持续发展的观念，地质环境是工作作业推进过程中的重点保护对象，故意的人为破坏是不能容忍的。因此，在推进水文地质勘察工作的过程中，应当加强对周围环境的保护，而环境保护从长远角度来看也是必不可少的。

（二）提高自动化水平

随着时代的进一步发展，很多工作都逐渐实现了自动化。在水文地质勘察工作过程中，在进一步提高其自身的自动化水平。因此，随着水文地质勘察工作的进一步推进，提升水文地质勘察工作的自动化水平也成了当下水文地质勘察工作可持续发展的必然趋势。在科学技术进一步发展的背景下，水文地质勘察工作的开展不仅仅局限于地球，同时也在逐渐转向其他星球。在此过程中，应当不断提高设备的自动化水平，只有这样才能进一步推进水文地质技术的合理应用。

二、岩土工程勘察中水文地质勘察的地位

（一）水文地质勘察对工程施工中的基础埋深有重要影响

在工程施工中，最为基础的工作就是进行基础埋深工作，基础埋深工作对整个工程施工有着重要的影响，在一定的意义上可以说基础埋深工作开展效果决定了整个工程施工的质量，对整个工程施工将会产生深远影响。这是因为在工程施工的岩土下，是有一定的概率存在地下水的，而这些地下水会对工程的基础埋深工作产生一定的影响，这种影响在有些时候将会是关键性的。如果进行了相应的水文地质勘察，则可以对整个地下水的情况有一个详细而准确的了解，在工程施工中就可以有针对性地采取不同的措施，对于不同的地下水情况采用不同的基础埋深处理，以有效地防止地下水对工程施工的影响，从而尽可能减少地下水对工程施工的影响，为整个工程施工的有序进行提供保证。

（二）水文地质勘察对整个工程质量的影响

在岩土工程施工中开展科学的水文地质勘察工作，会影响整个工程施工的质量，对整个工程建设的质量以及投入使用后的经济与社会效益都会有重大影响。特别是工程施工人员对于整个施工区域地下水情况的详细而准确的了解，可以避免因为地下水而造成的诸多问题。比如，地下水的水位有可能会产生变化，如果出现上升的情况，则地下水会对其上层的岩土造成侵蚀，从而破坏岩土层原有的结构，这种情况最终将会引发滑坡问题，这就增加了工程施工中的难度与安全隐患，不仅会造成经济方面的损失，而且有可能对工程施工人员的生命造成威胁。但是，如果将水文地质勘察工作做好，采集详细而准确的地下水的信息，则可以避免出现这些问题，从而提高工程施工的安全性，有效地提高了工程施工的效率。

（三）水文地质勘察对工程支护的影响

在工程的施工中，支护也是一项重要工作，支护工作的好坏直接关系到工程施工中地

下部分的施工质量，对于建筑地下部分的稳定性有重要影响，工程施工中地下部分的稳定性又关系着工程的整体质量，所以支护工作对于其施工的周边环境有着严格要求。在实际支护工作中，最先要做的就是地下水的抽取，而进行地下水的抽取工作时，地下水水位会不断下降，这样在地下水与地面之间就会产生一些缝隙，而随着地下水的不断抽取，极易出现地面的下降，甚至会出现地面塌陷的问题，从而对工程施工中的安全产生影响。这种问题的解决方式还是以水文地质勘察为主，只用充分掌握地下水的情况，才能对地下水与支护工作的关系有充分的预期，在支护工作中才能有相应的预案，从而保证工程施工的质量，提高工程施工效率。

三、岩土工程勘察中水文地质勘察的内容

（一）水文地质勘察工作对地理条件的勘察

在工程中进行水文地质勘察最基础的一项工作就是对施工区域的地理条件进行勘察，这也是整个水文地质勘察中最为重要的一个环节。对地理条件的勘察得到的数据，可以为整个工程施工提供准确的数据保障。在地理条件勘察中的内容很多，其中最为重要的就是地形与气候，地形主要是指对施工区域的土壤情况、水环境情况、泥土的堆积情况等进行勘察；气候勘察主要是指对工程施工区域的天气情况、周边的温度与湿度等情况进行勘察。

（二）水文地质勘察对地质情况的勘察

在水文地质勘察中除了对地理条件进行勘察以外，还要对工程施工区域的地质情况进行详细的勘察，一定要注意，这里所说的所有的勘察主要指的是工程施工区域的勘察。在对工程施工区域的地质情况进行勘察时，首先，要对当地土地的渗透系数有准确的认定，通过这一系数可以了解当地雨水可能会对工程施工与勘察工作产生的影响，从而为地质勘察工作打下一个基础；其次，要对工程施工所在区域的地质构造、地质厚度、岩石种类等进行相应的勘察，为工程施工提供准确、详细的地质数据。

（三）水文地质勘察对地下水位的勘察

通过地下水位对工程施工的影响可以看出，地下水对岩土工程的施工产生重要的影响，会直接影响到岩土工程施工的质量与效率。所以，在开展岩土工程施工之前，对施工区域的地下水情况进行详细的勘察就成为首要的工作，也是其中最为重要的工作。地下水位的勘察主要包含地下水位的上升与下降情况，统计施工区域曾经出现过的最高水位与最低水位，同时考察地下水的流动情况以及渗透情况，对于这些数据要准确、及时进行记录与汇总。地下水的勘察可以说已经成为整个岩土工程施工中最重要的工作。在进行相应的勘察时，可以通过对地下水层的渗透性测试进行勘察，如果勘察阶段在水位测量之前，可以进行泥浆地钻进，将其中的测水管打到地下水层的 22m 之后，然后进行相应的测量。对于地下水分为多层的情况，一定要进行相应的防水措施以后，再开展测量。

（四）水文地质勘察中对含水层与隔水层的勘察

在岩土工程施工中，含水层与隔水层的情况一定要充分了解，这将会对岩土工程的施工质量产生重要影响，在水文地质勘察中对于施工区域的地下水情况进行详细的勘察，尤其是其中的含水层与隔水层的情况开展全方位勘察，取得尽可能全的数据。同时对含水层与隔水层的分布、厚度等进行全方位的勘察，并对勘察结果进行多次复测，以保证勘察数据的准确性。

四、岩土工程勘察中水文地质勘察的评价内容

地下水问题可能导致的岩土工程作用和危害是设计、施工阶段应考虑的重要内容。近年来，因为对建设工程水文地质条件的轻视，由地下水相关问题引起的建设工程质量安全问题时有发生。因此，在工作中，应该积极总结事故的经验和教训，提高水文地质问题评价的意识，强化和规范工程勘察中水文地质条件问题的评价程序。

对于水文地质问题，应重点关注以下内容：

分析和评价地下水可能对岩土体和建（构）筑物产生的作用及影响，合理预测地下水位变化可能导致的岩土工程危害种类及程度，并基于实际勘察数据，提出科学、可行的防治措施。

结合工程项目地基基础选型，重点查明和提供基础选定类型所需要的、与之密切相关的水文地质资料。

结合勘察过程中已经查明的地下水天然状态及天然状态下的自然作用，分析和预测在人为活动条件下地下水的动态变化情况，评价此种变化对岩土体及建（构）筑物可能造成的影响。

根据地下水对工程的作用和影响，立足工程实际，着重评价不同条件下的地质问题，如评价在地下水位以下的建筑物基础中的混凝土及钢筋的腐蚀性。

当建筑物地基基础的压缩层内存在饱和、松散的粉细砂或者粉土时，应预测流砂、液化潜蚀以及管涌等的可能性。

当基坑位于地下水位以下时，应该规范进行渗透性以及富水性试验，同时分析和评价因人为活动情况引起的土体沉降和边坡失稳等情况，并进一步分析此种情况的发生是否会影响建筑物或周围建筑物的可能性。

提出不同条件下着重评价的问题：水文地质勘察应根据不同条件提出不同的评价问题。第一，对埋藏在地下的建筑物基础上水对砼及砼内钢筋的腐蚀性提出相应的评价问题。第二，如果是软质岩土、残积土等，则需要着重评价地下水活动对岩土可能产生的软化、胀缩等作用，使地基产生松散、腐蚀等现象。第三，如果基坑下部分存在承压层，就应该对基坑进行开挖后承压水冲毁的可能性进行精确计量。第四，对地下水开挖后，应进行渗透试验，对由于边坡失稳造成的建筑物不稳定的情况进行计算。

岩土的水理性质：第一，软化性。就是岩土浸水后力学强度的指标。第二，透水性。就是指水在重力作用下，岩土容许水透过自身的性能，它的影响因素主要有岩土颗粒的粗细程度、岩层的裂隙发育情况、透水性能，透水性主要由透水系数来表示。第三，给水性。就是在重力作用下饱水岩土能从空隙中自由流出的性能。给水度是含水层一个重要的水文地质参数，可以用科学的实验方法来测定。

五、岩土水理性质的测试

岩土水理性质指的是岩土和地下水在长期相互作用下而表现出的各种不同性质。岩土的水理性质作为岩土工程地质性质的重要方面，与岩土的物理性质同等重要。岩土水理性质既会影响岩土强度，导致其变形，而且其某些性质还会破坏建筑的稳定性，给建筑物的寿命带来严重损害。在过去的勘察工作中，由于对岩土水理性质认识不足，过分重视岩土的物理力学性质测试，使出的岩土工程地质性质评价具有片面性，不能全面反映工程项目的岩土地质性质。地下水在岩土中的赋存方式有所不同，这直接会影响地下水对岩土水理性质的影响程度。另外，影响程度还与岩土的类型有密切关系。

（一）软化性

此种性质是指岩土体经过长期浸水后，力学强度降低的特性。该性质的量化程度常用软化系数表示，即岩石在浸水饱和状态下以及风干状态下的极限抗压强度之比。软化系数是评价岩石耐风化、耐水浸能力的重要指标之一。当岩石层中有较容易软化的岩层时，其会在地下水的影响作用下逐渐形成软弱夹层，常见的如黏性土层、页岩、泥岩、泥质砂岩等均具有较为普遍的软化特性。

（二）透水性

透水性指的是水受重力作用，岩土容许水透过自身的性能。决定岩土渗透性强弱的关键在于岩土自身空隙的大小及空隙之间的连通性。因此，对于颗粒较细、不均匀的松散岩土，其透水性能较弱；而坚硬岩石的裂隙或岩溶越发育，其透水性就越强。渗透析数量化描述透水性，渗透系数可采用抽水试验的方式获取。

（三）崩解性

此种水理性质描述的是岩土经过浸水湿化后，因其自身的土粒连接减弱、破坏，导致土体崩散、解体的特性。通常，量化岩土体崩解特性的指标包括岩土崩解所需要的时间、崩解量、崩解的方式等。土粒成分、矿物成分以及土粒连接结构等均是影响岩土崩解性的重要方面。以某地区的残积土为例，岩土一般崩解的时间为 6~24h，崩解量 1.83%~33%。不同类型的残积土，其崩解方式存在较大差异，如水云母、蒙脱石、高岭土等残积土主要以散开方式崩解，而石英等残积土则常见于裂开状崩解。岩土的水理性质还有给水性、胀缩性、持水性、溶水性、毛细管性、可塑性等诸多特性。

第四章　岩土工程勘察的基本程序

第一节　承接勘察项目

通常由建设单位会同设计单位委托勘察单位进行。在签订合同时，甲方需向乙方提供相关文件和资料，并对其可靠性负责，相关文件包括：工程项目批件；用地批件；岩土工程勘察委托书及其技术要求、勘察场地现状地形图；勘察范围和建筑总平面布置图各一份；已有的勘察与测量资料。

一、岩土工程勘察项目及其特点

岩土工程是“土木工程中涉及岩石和土的利用、处理和改良的科学技术”。岩土工程与许多专业关系密切，实践性强，需要理论紧密联系工程实际，依赖自然条件，并且存在条件的不确定性、参数的不确定性和测试方法的多样性等特点。

作为岩土工程的核心内容，岩土工程勘察是指以土力学、岩体力学、工程地质学及基础工程学等为理论基础，通过各种勘测技术和有关电子计算技术等方法，结合工程设计的特殊技术要求及场址的工程地质条件与环境工程地质条件，以及施工开挖、支护、降水等特殊要求，提出对岩土的论证评价，并指导岩土工程的设计与施工。

岩土工程勘察既要进行现场实物工作（钻探、试验等），又要进行技术分析和归纳总结。设计条件、区域地质、技术手段等众多因素的共同影响，导致了岩土工程勘察项目的独特性和唯一性，各种影响因素也对勘察费用造成不同程度的影响。建筑设计方案完全相同的两个项目，如果所处区域、周边条件、勘察人员不同，也会导致勘察方案的极大差异，方案造成实物工作量不同，又将导致费用的不同。换言之，即使所处同一地区的项目，由于项目设计条件不同、技术人员能力差别等因素的影响，勘察费用水平也可能存在较大差别。

二、勘察企业的评审需求

勘察企业为应对市场竞争积极改进经营模式，实行多层级全员化经营，这需要企业总部层面进行更高效率、高水平的经营管理。面对激烈的市场竞争和复杂的市场环境，勘察企业作为项目实施的主体，既要积极探索改进经营模式，扩大业务规模，又要建立企业内部完善的管理体系，严格项目评审制度，落实项目责任制，确保项目顺利实施。勘察企业需要在经营过程中对项目进行技术和商务评审，确保项目能够顺利实施，企业能够盈利。评审以项目为单位，评审内容包括勘察需求、勘察技术方案、工期、费用等，其中关于费用的价格评审是关键的评审内容。在项目招投标环节对项目费用进行准确测算，做到对投标价和合同价的准确评估，确保项目承揽后能够顺利实施。目前，大部分勘察企业经营管理水平并不高，许多勘察企业进行勘察项目价格评审基本根据评审人的经验，例如，对照评审项目周边区域类似项目的价格，对于特殊项目，则需要询问报价编制人员、钻探班组等进行核实，效率不高。经营层次增加带来的投标风险给价格评审提出了更高要求：既要有较高的评审效率，又要确保评审方法可靠，能够判别不满足要求的价格，对价格进行调整或者及时放弃项目，规避风险。

三、勘察项目最低控制价的定义及作用

岩土工程勘察是一个建设工程必需的、重要的基础阶段。岩土工程勘察价格是指对一个建设项目进行岩土工程勘察的总价格。本文所指的勘察项目最低控制价是针对勘察实施企业而言，在进行内部管理评审时，对每个单一勘察项目的控制价格，不是成本价，而是在测算项目实施企业自身成本、税金、最低利润、管理费用的基础上，综合确定勘察企业对建设项目进行岩土工程勘察所能接受的最低价格。该内部最低控制价，类似于工程项目最低价中标的合理最低价，但区别在于本书关注的最低控制价是企业总部层面可接受的最低价格，是项目实施企业的控制指标，这与市场及企业自身情况均密切相关，是企业投标报价和合同价格的底线，也可作为拟定投标报价策略的基础。技术评审合格后进行商务评审，商务评审阶段关键的评审内容就是价格评审，商务评审阶段投标组或项目部已经根据勘察任务委托书，制订了具体勘察方案，勘察工期、工作方法和实物工作量已确定，最低控制价已有明确的计算依据，商务评审人员根据技术方案计算企业最低控制价，并与投标价或合同价进行对照，评审价格高于最低控制价的即为满足价格评审条件，否则价格评审不予通过。确定最低控制价最主要的目的，是满足勘察企业总部及经营管理的需要，将最低控制价作为勘察项目商务评审阶段衡量投标报价及合同价格是否合理的标准，判断投标价或合同价能否满足项目最低需求，确保最终能够提供合格的勘察报告。项目最低控制价与投标价不同，控制价是价格评审的依据，投标价则要考虑企业经营目标，根据投标策略综合确定。一般项目，在企业内部进行价格评审时，投标价低于最低控制价的评审不通过，但对于特殊项目，如属企业重点经营领域等情况时，则需要企业另行组织专门论证，

必要时需要根据投标策略的需要进行项目专项补贴，确保经营业绩，为企业的经营拓展创造有利条件。

四、勘察项目的影响因素

（一）项目特点

项目特点包括项目所处位置、设计方案、地质条件、项目规模、勘察要求、作业难度等，是最低控制价的决定性因素。

（二）勘察技术方案

岩土工程勘察需要勘察单位根据项目情况有针对性地制订勘察技术方案，由于方案编制人员技术水平存在一定差异，以及对原有地质情况、设计要求理解和掌握的深度不同，都会导致勘察技术方案不同，从而造成勘察项目钻探、试验等实物工作量的差异，最终影响勘察费用。

（三）企业生产能力

勘察企业的生产能力，主要是指钻机钻探效率、试验室承接土工试验能力等，受企业管理水平、机械性能、操作人员素质等因素的综合影响。企业生产能力直接影响企业实物工作成本的高低，其中较为显著的是钻探费用，相同类型的钻机台班费用在同一地区不同企业之间的差别不大，但钻机每台班钻探进尺的差异最终会导致钻探费用显著不同，钻探效率低的企业，折合至每钻探延米的费用高，项目的钻探费用也相应较高。

（四）技术人员素质

勘察企业具有岩土工程行业特点：一方面必须以市场项目为前提，提供的服务有相当数量的实物工作；另一方面又属于知识密集的科技型企业，企业拥有的技术人员，是企业生存和发展的基础。勘察过程中的资料收集、方案编制、数据分析、报告编写等工作都需要技术人员负责完成，技术人员素质的高低，会影响勘察方案、勘察报告的编制水平，勘察方案编制水平的差异会造成勘察项目实物工作量差异，同时技术人员的素质差异还将造成工作效率、质量的差异。高水平的技术人员，技术工作质量有保证，效率高，但同时应该注意，高水平的技术人员劳动报酬也高，因此，勘察企业需要合理配置技术人员，形成阶梯发展的技术团队，既保证项目质量、工作效率，又能将人员费用控制在合理区间。

（五）企业类型、经营模式等

不同类型的勘察企业、不同的经营模式将会造成分摊至各勘察项目的企业管理费用差异，并且对于勘察项目最低利润率的确定也不同。在国内勘察市场中，既有资质等级高、成立时间久、技术人员密集的大型综合勘察企业，也有成立时间短、人员精炼、组织紧凑的小型甚至微型勘察公司，上述两类勘察企业的特点对比如表 4–1 所示。

大型综合勘察企业分摊至勘察项目的企业管理费用比小型勘察公司高。企业实行项目责任制，以勘察项目为单位进行管理的勘察企业，针对单个勘察项目的管理边界较为清晰，费用核算方便，而部分仍以部门或项目部为管理单位的企业，在进行项目最低控制价计算时，则需要将企业管理费用进行折算，转化为项目分摊费用，其过程较为烦琐，且易出错。

表 4-1　大型综合勘察企业与小型勘察公司特点对比

单位类型	大型综合勘察企业	小型勘察公司
优势	资质等级高、证书齐全，可提供高水平的增值服务或项目全过程技术支持； 管理体系完善，部门齐全，管控严格； 经验丰富，口碑好，社会认可度高； 技术人员密集，有权威专家，技术优势明显； 钻探、试验设备齐全，履约能力强	市场应变速度快，灵活； 市场针对性强，项目跟踪服务好； 管理层次精简，机构紧凑，项目实施效率高； 企业负担小，管理费用低
劣势	管理流程烦琐，多头管理，效率受影响，责任划分不清晰； 市场应变速度慢，不够灵活； 企业负担重，管理费用高	市场认可度不高； 企业规模所限，难以承揽大型勘察项目； 资质单一，业务发展局限性大

第二节　筹备勘察工作

筹备勘察工作是保证勘察工作顺利进行的重要步骤。岩土工程勘察工作主要在野外现场进行，为使现场工作有计划、有目的地进行，避免窝工、返工，必须在出发前做好充分准备，准备工作是岩土工程勘察的重要前提和内容。目前，随着工程业务拓展，一些对建筑场地地质条件缺乏研究、没有建筑经验的新地区岩土工程勘察项目增多，工程复杂程度加大，需要事先准备的工作量也加大，准备工作量已占其工作总量相当份额。准备工作做得是否充分，会直接影响岩土工程勘察工作的质量、进度，进而影响建筑工程的质量。如何做好准备工作，怎样才能保证准备工作既充分又具体，是需要我们高度重视和认真思考的问题。

一、提高对准备工作重要性的认识

一支勘察队伍，在从事勘察项目之前的准备工作做得好坏与许多因素有关，比如，这支队伍的人员素质、设备配备、经济实力等，这是必备的。但笔者认为，在实际工作中，能否把准备工作做得既具体又充分，避免疏忽、遗漏，关键还是对准备工作重要性的认识问题，要明确准备工作的重要性就要使现场勘察工作有计划、有目的地进行，避免窝工、返工，就是保证工程勘察质量的前提条件和保障，无准备的工作具有很大的盲目性，容易造成工程费用的浪费。

二、准备工作的内容

岩土工程勘察按不同的勘察阶段分为选择场址勘察、初步勘察和详细勘察，其准备工作的内容是根据不同勘察阶段的勘察任务所决定的，不同勘察阶段的勘察任务不同，其勘察准备工作的内容也不尽相同，因此可按不同的勘察阶段由粗到细地进行。总体上要做三个方面的工作，一是收集资料，二是布置钻孔，三是现场踏勘定位。

（一）收集资料

收集资料的工作十分重要，不可忽视，某支勘察队伍在济宁市某小区勘察一个工程，当地以河流冲洪积地貌为主，人工的坑塘较多，经过多年堆填后成为平地，勘察单位没有认真收集当地原有地形、地貌资料，也不向附近居民访问，仅根据钻探成果推断了天然地基，施工开挖发现实际情况与勘察报告大相径庭，原来建筑物的所有钻孔均布置在坑塘堤上，致使业主不得不进行基础变更，为此和勘察单位引发纠纷，需要收集的主要资料见表 4–2。

表 4–2 收集的主要资料

<table>
<tr><th>资料名称</th><th>选址</th><th>初勘</th><th>详勘</th></tr>
<tr><td>地形图</td><td>区域</td><td>1/1000~1/5000 带坐标</td><td>大比例尺、附建筑总平面布置图、带坐标</td></tr>
<tr><td>建筑物</td><td colspan="2">性质、用途、平面尺寸、层数、高度、结构形式、荷载大小、有无地下室及深度</td><td>可能采取的基础形式、尺寸、埋深、地基允许变形等资料</td></tr>
<tr><td>已有资料</td><td>区域地质、地形地貌、地震、矿产等</td><td>邻近钻孔机试验资料、建筑经验</td><td rowspan="2">—</td></tr>
<tr><td>现场条件</td><td>历史变迁、故河道、塘、沟、井、坟、填土等</td><td>地下管道、结构物、地下电缆、水管、煤气管位置</td></tr>
</table>

（二）布置相关位置

根据建筑物重要性的等级和场地复杂程度，布置钻孔的位置、间距、深度、技术孔取样及原位测试的部位等。钻孔深度应根据地基受压层确定，控制孔应深于受压层，以了解是否存在于软弱下卧层。探查孔可以浅于受压层，分清土层即可。

（三）现场踏勘定位

现场踏勘定位是不可或缺的环节，要完成上述准备工作，勘察工程项目负责人应到勘察现场踏勘，了解现场情况与收集的资料是否相符。现场工作的主要任务是钻孔定位，常常遇到各种障碍物，如旧房屋、大树、高压线等，则需将钻孔移位。

钻孔需打桩、测量孔口标高，此外，还需要了解当地的风土人情，如工作噪声对周围居民的影响、拆迁补偿事宜等情况。往往有些勘察队伍不重视现场踏勘调查，造成窝工现象，浪费人力物力，带来意想不到的麻烦和纠纷。比如，某支勘察队伍在外地揽得一项工程，得到甲方的施工保证，没有进行现场踏勘，直接开着工程车就进了场地，结果因拆迁补偿金未到位的问题，被当地居民赶了出来，过了几天也没有得到解决，浪费了人力、物力。

三、准备工作的步骤

首先，由工程建设单位（甲方）提供工程勘察任务委托书、建筑物规划总平面图、甲方工地负责人姓名、联系方式等，以便勘察工程负责人了解建筑物情况、甲方要求的施工工期、设计方对勘察提供参数的特殊要求等。收集拟建筑物附近的地形地貌、地质资料、当地建筑施工经验，了解拟建场地现场条件等。根据拟建筑物的重要性等级和场地复杂程度，布置钻孔，选择适宜的勘探方法，进而编制工程勘察纲要。

勘察项目负责人进行现场调查，以便确定勘察工程车如何进入现场，和甲方现场负责人进行接洽，解决影响施工勘察的未尽事宜，比如，哪些障碍物需要及时清理等。调查地下管道、地下电缆、水源等，了解场地周边原有建筑地质资料、当地建筑施工经验等情况，判别现场情况与收集到的资料是否相符。然后，进行钻孔定位、打木桩、测量孔口标高等工作。

工程负责人组织相关人员学习勘察纲要，要让每位工程参加人员具体翔实地了解工程项目的情况，并和所有成员一起讨论，预测各种意想不到的困难和难题，然后分头行动，各负其责，使准备工作具体、充分地进入勘察施工。

第三节　编写勘察纲要

应根据合同任务要求和踏勘调查结果分析预估建筑场地的复杂程度及其岩土工程性状，按勘察阶段要求布置相应的勘察工作量，并选择勘察方法和勘探测试手段。在制订计划时还需要考虑勘察过程中可能未预料到的问题，为更改勘察方案留有余地。

一、纲要编写概述

岩土工程勘察纲要即岩土工程勘察设计的简称，提纲挈领，简明扼要，重点突出，关键鲜明，没有一个好的纲要，就不可能有好的勘察成果。勘察纲要的编写要建立在概念设计的原则下，即宏观上要概览全局，突出重点，不违反规范、不违反理论和经验相结合、综合分析、全面考虑的原则，不遗漏重要项目，不错用重要技术手段，不照搬理论，不崇尚教条，不盲信经验。

二、纲要编写的准备

（一）认真读取任务书

任务书是甲方委托的凭证，其含有技术要求、工期要求、建（构）筑物的建筑要素和图纸。要认真阅读和领会其中的内容，吃透设计要求和意图；要了解勘察阶段、建（构）

筑物的名称、位置、荷载、变形要求，了解拟采用的基础形式、尺度、埋深（地下室的层数），还要了解报告提交的时间和份数，了解合同的签订情况。要取得附有坐标和地形的总平面图，场区的地面整平标高。要取得场区附近测量控制点资料，作为勘探点测放的依据。

（二）搜集区域及场区附近的资料

搜集资料目的是要了解场区所处的大地构造单元，地层及地质构造（特别是区域断层）情况，不良地质作用和特殊岩土情况、地表水和地下水的情况，地震及其效应。要查找场区周边勘察资料，了解建（构）筑物地基基础设施及地基处理经验，地下水的影响程度和控制措施的有效性。在可能被洪水淹没或掩埋的河、湖、沟、坑的拟建场地，应调查洪水的历史情况，研究地形地物变迁对地层成因和拟建工程的影响。

（三）现场踏勘

现场踏勘的目的是对场地形成直观的认识和大致的了解，对场地的交通、位置、地形、地貌、地物产生印象。对周边建筑（道路、房屋、管线）的重要性及地基基础情况进行调查，对地下管线、防空洞进行询问和标记，对空中障碍物的影响要确定，对场地历史的变迁要走访询问，对水电接头接口要调查，对其他需要清除的障碍、整平的场地和维修的道路要与甲方进行协调。准备阶段做得充分可以求得事半功倍，少走弯路，成功的把握就大。

三、纲要编写

（一）勘察手段要与勘探对象和勘探目的相适应

勘察手段包括坑探、钻探、静探、物探等，测试手段有载荷、静力触探、标贯、旁压、十字板、波速试验等。室内试验包括物理性质试验、力学性质试验、压缩试验、渗透试验、抗腐蚀性试验等。采用何种勘探手段、测试试验方法，要根据任务书的要求、前期调查了解和搜集分析资料的情况来确定，尽量采取适合、便捷、熟悉和可靠的设备和方式方法，重点要突出。

如在抗震设防烈度不小于6度的黄泛平原区，当对超过10层或高度超过30m的甲乙类建筑进行详勘时，首先要想到测波速以确定场地土类型和场地类别，并提供特征周期。要做标准贯入试验以判断液化的可能，计算液化指数，确定液化等级，同时不要忘记取标准贯入管靴中的粉土样进行黏粒含量的分析，以供计算液化用。要考虑是否采用静力触探的试验方法，因静力触探能连续测试记录，速度快、效果好、费用低，特别是当钻探和静力触探配合使用时，对于分层和确定土的各项参数更具有实用价值。

又如，在有地下水的深基坑勘探时，必须提供将来基坑排水和支护的相关参数。有多层水时要分层提供地下水位，必要时做现场的分层抽水试验，获取分层的渗透系数，进而计算基坑的涌水量，以供对地下水的控制设计用。

（二）勘探点的平面布置

不同的建（构）筑物、不同的场地、不同的地基和基础，不同的勘察阶段要求不一样。以详勘阶段的房屋建（构）筑物为例。

勘探点应布在周边线、角点、凸出或凹进的部位、建筑物的中心、电梯井、重大设备基础、重大动力机器基础、建筑层数和体形变异较大的位置，密集的建（构）筑物亦可按方格网布设。

勘探点的间距：对土质地基要按地基复杂程度的等级来确定，一级（复杂）地基10~15m，二级（中等）地基 15~30m，三级（简单）地基 30~50m。这当然不是硬性规定的教条，要结合建筑物的级别，结合对该种地基的了解程度和建筑经验进行增减。

再如，桩基工程土质地基详勘阶段对勘探点的间距有如下规定：

对端承桩宜为 12~24m；

对摩擦桩宜为 20~35m；

对复杂地基上的一柱一桩工程，宜每柱设勘探点。这里对端承桩和摩擦桩的概念不要弄错。嵌岩桩不一定是端承桩，桩端为土的桩也不一定都是摩擦桩。基坑工程布点的范围和深度有些特殊规定。如勘察平面范围宜超出开挖边界外开挖深度的 2~3 倍，勘察深度宜为开挖深度的 2~3 倍。开挖边界外的勘察手段以调查研究、搜集资料为主。

（三）勘探点的深度

房屋类建（构）筑物详勘阶段的主要规定如下：

深度应从基础地面算起，应能控制地基主要受力层，条基不小于基宽的 3 倍，独基不小于基宽的 1.5 倍，且不应小于 5m；

对高层建筑一般性孔深应达 0.5~1.0 倍的基宽；控制性孔深应超过地基变形计算深度；

采样孔和原位测试孔不应小于勘探孔总数的 1/2，取土孔数不应低于 1/3；

每个场地每一主要土层的原状土试样或原位测试数据不应少于 6 件（组）；当以连续的静探和动探为主要勘探手段时，每个场地不应少于 3 孔。

桩基础详勘阶段的勘探孔，应符合下列规定：

一般孔应达预计桩长以下 3~5d，且不得小于 3~5m；

控制性孔应满足验算下卧层的要求；验算沉降的孔应超过变形计算深度；

嵌岩桩应钻入预计嵌岩面以下 3~5d；

当需估算桩的侧阻力、端阻力和验算下卧层时，宜进行三轴剪和无侧限抗压强度试验，受力条件与实际相符；对估算沉降的桩基应进行压缩试验，最大压力应大于上覆土自重和附加压力之和；嵌岩桩应做岩石的饱和单轴抗压强度试验；

单桩竖向和水平承载力根据工程等级、岩土性质和原位测试成果并结合当地经验确定。以上条款只是列举相关规定中的相关条文，但这些都是重点，需要熟记和深刻地领会，以便在勘察纲要编写中能够灵活运用。

四、施工组织和主要技术要求

（一）根据技术方案估算工程量

选择设备类型和数量，配备技术人员，计算工期。选择技术人员时要尽量选取主持过此类工程。熟悉本场地。有责任心。有着丰富勘察经验的人员担当项目的技术负责人。施工中要考虑试验室的滞后时间，因而要先施工取土孔和控制性钻孔。工期的估计要给写报告留有充分余地，以便进行充分的分析、合理的论证，提供高质量的勘察报告。

（二）主要技术要求

要把关键技术要求写清楚，容易忽视遗忘的操作技术要求写明白。关键技术指钻探和取样、原位测试和实验室的试验操作技术。

五、报告编制计划

报告的编制要有宏观、总体的打算，除了常规的、共知的外，还要注意以下方面。

报告正文要充分表达和分析资料，逻辑要清晰、准确，结论要明确，建议要可靠，不要说些似是而非让人猜疑的话语；

平面图、剖面图要选择适当的比例尺，在表达全面的基础上要尽量缩小图幅，不要有大片空白，使人用起来方便，看起来清晰，剖面图要尽量使纵横比例尺接近，减少造成地层坡度的假象；

对有意义的主要地层，如基岩顶面、桩端持力层顶面、软弱夹层、厚的填土层要做标高等值线图、埋深等值线图或厚度等值线图等。

六、水运岩土工程勘察纲要编写案例

（一）水运工程项目及岩土勘察纲要的作用

1. 水运与岩土勘察

水运工程是土木工程的一个重要分支，水运行业是此类工程的主要服务对象，比较常见的水运工程有港口、航道以及通航建筑物等。岩土勘察是水运工程项目中不可或缺的环节，具体是指按照水运工程项目的建设要求，利用相关技术方法，对工程建设场地的地质条件、环境特征进行勘察，通过对勘察数据的分析，编制岩土勘察报告，为水运工程建设提供指导依据。

2. 岩土勘察纲要的主要作用

（1）提高勘察质量

在水运项目建设中，《岩土工程勘察纲要》（以下简称“纲要”）是以相关的规范标准作为编写依据，如 GB 50021—2001《岩土工程勘察规范》等，可对勘察工作进行规范。通过查明地基的形式，对天然地基进行了解和掌握，能够使勘察质量得到进一步提升，对加快水运项目的总体进度起积极的促进作用。

（2）为设计提供依据

《纲要》是以国家以及行业标准的要求为基础，对水运项目进行前期的岩土勘察工作，据此反映水工建筑物对地基基础的要求、荷载类型等与项目建设密切相关的因素，可为水运项目整体建设方案的设计提供详细、可靠的依据。

（二）水运项目中《岩土工程勘察纲要》的编写要点

1.《纲要》编写的前期准备工作

（1）详细阅读并领会任务书的意图

对于水运项目，任务书是建设方委托的重要凭证，内容包括进度要求、技术要求、水工建筑物的基本要素及图纸等。在对《纲要》进行编写前，相关人员应对任务书进行认真、仔细的阅读，了解其中的内容，领会工程建设的意图，掌握岩土勘察阶段的基本要求，明确拟定的基础形式。

（2）对资料进行全面搜集

对水运工程建设场地及其附近区域的资料进行搜集，是《纲要》编写前期准备的一项重要工作，主要目的是利用搜集的资料，了解建设场地所处的地质构造情况，判断是否存在特殊岩土、不良地质等情况，并对场地范围内的地表水和地下水以及地震等情况加以掌握，明确地下水对工程建设的影响程度。

（3）做好现场踏勘工作

在水运项目建设中，在对《纲要》进行编写前，相关人员应先完成现场踏勘工作，借此对工程建设场地进行大体了解，如地形地貌、地理位置、交通条件等。同时，对场地周边构筑物的重要性进行调查，并对地下管线加以标记。

2.《纲要》编写要点

勘探孔布设在水运工程项目建设中，勘探孔的布设是《纲要》编写的重点环节之一，对此，岩土勘察人员应了解设计意图，可以按照拟建水工建筑物的基础性质，并以相关规范为依据，遵循经济最优的原则，对勘探孔进行布设，具体要点如下。

确定孔位。要保证勘探孔的布设准确、合理，岩土勘察人员应了解并掌握水工建筑物采用的基础结构形式，尤其是港口码头以及引桥工程采用斜桩时，必须充分考虑桩身的倾斜度，即按照桩基可能的入土深度，确定斜桩端部的外扩位置，由此在布设勘探孔位时，可以沿着码头面总平位置适当外扩。例如，在天津港某码头工程中，设计桩长为 45m，每排靠近码头外沿的第 2 根桩设计为斜桩，桩顶与码头边缘之间的距离约为 5m。由于该港口码头工程建设场地的基岩面变化相对比较复杂，在对勘探孔进行布设时，岩土勘察人员沿码头的前后沿外扩 4.0m，从而保证勘探孔布设的科学性和合理性，在后续的工程建设施工中，证明了这种做法的效果。

钻孔类型。在对《纲要》进行编写的过程中，勘探孔的钻孔类型可按照水运工程的具体性质加以选择，从而更加全面地了解场地的土质特性。例如，高桩码头可采用标准贯入孔，不宜选用水上静力触探孔；位于港口水域外围的防波堤，可以采用标准贯入试验孔，如果地基中软弱黏性土较为发育，则可以考虑采用十字板剪切试验孔；港口码头后方修建配套设施的区域，必须严格按照国家现行规范标准的规定要求布设标准贯入孔和静力触探孔，当工程所在区域的剪切波速试验资料缺失时，应布设波速试验孔，以此对场地内的土体类别进行判断。

钻孔比例。在水运工程的《纲要》编写过程中，需要对控制性与一般性钻孔的比例进行合理确定，其中，前者的数量应为勘探孔总数的1/6~1/3，这是行业标准给出的基本要求。在进行实际操作时，如果地基土的整体分布情况相对较稳定，并且土层结构较为简单，控制性钻孔的比例可以取小值，反之则应取大值。

勘探孔的铺设深度在水运工程岩土勘察工作中，勘探孔深度是否合理直接关系到《纲要》编写质量。因此，岩土勘察人员必须对孔深的确定依据加以了解和掌握，具体包括基础形式、荷载、地质资料等。在《纲要》编写时，对勘探孔的深度进行确定有以下两种情况。

由设计单位直接提出；

岩土勘察人员自行确定。

下面分别对这两种情况进行分析。

设计单位提出。虽然，多数情况下设计单位给出的勘探孔深度都符合规范要求，但在编写《纲要》时，为确保《纲要》的整体质量，岩土勘察人员尽量不要盲从，而是应对收集到的相关资料进行全面分析，判断设计单位确定的勘探孔深度是否合理，确保孔深能够满足规定要求，以免出现返工问题。

自行确定。岩土勘察人员确定勘探孔的深度时，应对水运工程的基础形式、荷载等因素加以了解和掌握，并结合地层的实际情况对孔深进行合理确定。例如，天津港某码头的引桥与道路交接的位置处，在进行工程设计时，按照路基对孔深进行考虑，因此，勘探孔的深度在25m较为合适，在这种情况下，并不需要按照引桥桩基对孔深进行确定。

3. 土工试验

这是水运工程《纲要》编写的重要内容之一，通过土工试验，可为工程设计施工提供详细可靠的岩土参数。由于水运工程的性质存在较大差异，因此，对土工试验项目进行合理安排显得尤为必要，也是保证《纲要》具有针对性的关键。为使所选的土工试验项目满足工程需要，岩土勘察人员应把握基础性质，结合设计要求，剔除不合理的试验项目。如码头引桥工程，可以常规的物理力学试验为主；防波堤应加入固结试验及三轴试验；港口码头陆地上的配套设施，可按单体建筑物的基础形式，适当增设相应的试验项目，对于有基坑的工程，可增加土层渗透试验。

综上所述，在水运工程中，岩土勘察是一项较为重要的工作，而《纲要》的编写是此项工作的核心。为确保编写质量，岩土勘察人员应了解并掌握相关要点，结合工程实际，对《纲要》进行编写，从而为水运工程项目设计、施工的有序进行提供详细可靠的依据。

第四节　工程地质测绘与调查

勘察之前要开展工程地质测绘及调查，运用地质学理论来详细描述建设场地并对地下规律性质进行判断，这样才能提供信息以供勘察工作参考。通过工程地质测绘工作可以以最小的成本来有效了解场地情况。在进行工程地质测绘时，需要在地形图、地质图上表示包括测区内现状建筑、构造、地形地貌等地质要素，不同阶段使用的比例尺不同，可行性研究阶段多使用小比例尺；初勘阶段多使用中比例尺；详勘阶段则使用大比例尺。布置观测点时，要在各地质单元体、岩层及地层的分界线位置布置观测点。选取有代表性的点来布置观测点，要结合现场实际来针对性地布置观测点的距离及数量。布置观测点时要充分利用场地露头，当露头数量不多时应结合实际情况进行补充。在进行勘测技术选用时，当前常用的技术包括仪器法、半仪器法及定位目测法。要结合现场地质条件及精度来合理选择定位方法，当情况复杂、精度要求较高时应当采用仪器法加以测量。

一、工程地质条件和工程地质问题

（一）工程地质条件

“工程地质条件”一词在岩土工程勘察中经常、广泛地被应用。在讨论工程地质测绘与调查的研究内容之前，首先论述工程地质条件概念。

工程地质条件可以理解为与工程建设有关的地质要素之综合，包括地形地貌、岩土类型及其工程地质性质、地质结构、水文地质、物理地质现象以及天然建筑材料六个要素。

工程地质条件是一个综合概念，在我们提到“工程地质条件”一词时，实际上是指上述六个要素的总体，而不是指任何单一要素。单独一两个要素不能称为工程地质条件，而只能按本身应有的术语称之。

构成工程地质条件要素都属于地质范畴，至于水文、气象、植被等自然因素，虽然对工程地质条件有影响，但是它们本身并不成为工程地质条件的组成部分。

工程地质条件是客观存在的，是自然地质历史塑造而成的，而不是人为造成的。一个地区的工程地质条件反映了该地区地质发展过程及其后生变化，即内外动力地质作用的性质和强度的反映。工程地质条件的形成受大地构造、地形地势、气候、水文、植被等自然因素的控制。例如，某地的地形地貌条件是由该地的大地构造演化历史和现状构成骨架，又由近代外动力地质作用雕塑而成。岩石的风化、成壤作用、冻土形成等都是在这些自然因素控制下演变进行的。由于各种要素组合的不同，不同地点的工程地质条件随之不同，表现在工程地质条件各要素性质的差异、主次关系配合的不同。工程地质条件所包含的几个要素之间又是相互联系、相互制约的，可以组合成不同的模式。不同的模式对建筑的适宜性差异甚大，存在的工程地质问题也不一致。

人类的工程——经济活动会引起工程地质条件变化，但这毕竟是次要的、局部的，而且与原有工程地质条件融为一个整体，则后来的建筑成为新的因素。例如，水库蓄水，会引起周围地下水位升高，新的建筑就应按变化后的水位予以考虑设计。

1. 岩土工程地质性质

这是工程地质条件最基本的要素，任何建筑物都是脱离不开土体或岩体的。岩土类型不同，其性质差异很大，工程意义大不一样。岩土类型的划分是一项重要工作。土的分类比较统一，在土工试验规程中都有明确的指标体系和命名规则。岩石的工程地质分类尚不完善，仅用岩石学的命名规则，不能满足工程建筑实际需要，特别是厚层岩体中薄夹层的存在会对建筑物构成重大威胁。因此，岩石的工程地质分类在理论与实践上都需要进一步研究。岩土体分类的粗细与勘察阶段还需相适应，如在可行性研究或初勘阶段一般可按成因类型划分，而在详勘阶段则须按物理力学性质划分，一般对软土、软岩、破碎岩、软弱夹层等不利于地基稳定性、边坡易失稳、洞室易塌落等应特别重点研究；对黄土的湿陷性、膨胀土的胀缩性等特殊土的研究也应视为重点。在岩土工程勘察中必须进行仔细测绘、勘探、试验，以查清分布情况、厚度变化，取得较为准确的物理力学性质指标。

2. 地形地貌

地形地貌条件对建筑场地的选择，特别是对线性建筑如铁路、公路、运河渠道等的线路方案选择意义重大。如能合理利用地形地貌条件，不但能够大量节约投资，而且对建筑群中各种建筑物的布局和建筑物形式、规模、风格以及施工条件等都有直接影响。地形地貌条件也能反映出地区的地质结构和水文地质结构特征。

具体研究的内容是：地形形态等级；地貌单元的划分；地形起伏变化；地面割切情况。例如，沟谷的发育阶段、形态、延展方向、割切密度、深度及宽度等；山坡形状、高度、坡度；山脊山顶的形态、宽度、平整程度等；河谷的宽度、深度、坡度；阶地的发育状态、阶地级数、高程、阶面宽度、成因类型、平整和完整程度等；不同地貌单元的特征及其相互关系；等等。地貌是岩性、地质构造和新构造运动的综合反映，也是近期内外动力地质作用的结果。所以，研究地貌就有可能判明岩性、地质构造、新构造运动的性质和规模、表层沉积物的成因和结构，据此还可以了解各种外动力地质作用（如滑坡、岩溶等）的发育历史，河流发育史等。相同的地貌单元不仅地形特征相似，其表层地质结构也往往相同，所以非基岩出露地区进行工程地质测绘时要着重研究地貌，并以地貌作为工程地质分区依据。

在中小比例尺工程地质测绘中研究地貌时，应以大地构造、岩性和地质结构等方面的研究为基础，并与水文地质条件和物理地质现象的研究联系起来，着重查明地貌单元的成因类型和形态特征，各成因类型的分布、物质组成和覆盖层厚度等情况。在大比例尺工程地质测绘中，则应侧重于工程建筑物的布置、基础类型、上部结构等有直接关系的微地貌形态研究，以使建筑物布局与自然地形起伏有机配合，浑然一体，错落有趣。

3. 地质结构

地质结构除了包含地质构造之意外，它还包括岩土单元的组合关系及各类结构面的性质和空间分布，土体和岩体的地质结构有所不同。

土体结构主要是指土层的组合关系，即由层面所分隔的各层土的类型、厚度及其空间变化，特别要注意到地基中强度的高、低，透水性大、小的土层上、下关系及其相对厚度，这对确定地基承载力和建筑物的沉降变形起着决定性作用。

岩体结构主要是指岩层的构造变化及其组合关系，同时还包括各种结构面的组合。层面、不整合面和假整合面等，其特征是连续性强、延伸远，这类结构面所分隔开来的不同部分，在物质成分和结构构造上一般是互不相同的，差异十分明显，属于物质分异面。构造结构面有的延续性也很强，如断层带、层间挤压破碎带等，有的连续性差，如节理面、劈理面等，但是数量多，有时密集，对岩体的连续性影响很大。次生结构面的存在对建筑物的安全稳定也有重要影响。对结构面的研究是勘察工作中的重要内容。

岩体天然应力状态与地质构造关系密切，也应作为地质结构的内容之一加以考虑与研究。

在岩土工程勘察中除了要对土体结构、岩体结构加强研究外，对传统地质构造现象的研究也是不可忽视的内容之一。还应强调指出的是，现代构造活动与活断层是决定区域稳定性的重要因素。对大型重要建筑物勘察时，必须在很大范围内研究活断层和地震危险性。要预测大型水库蓄水后能否诱发地震、也需要在库区广大范围内研究地质构造，活断层是否存在等。

4. 水文地质条件

对工程建设有影响的因素是：地下水类型、地下水位及其变动幅度，含水层和隔水层的分布及组合关系，土层或岩层渗透性的强弱及其渗透系数，承压含水层的特征及水头。岩石裂隙水的特征、水动力条件、裂隙水渗透压力。地下水的补给、径流和排泄条件。地下水的水质及侵蚀性等。在不同地区，为不同工程建筑物进行岩土工程勘察时，应有不同侧重点地对上述内容加以研究。

应该强调指出的是，地下水位的高低对各种建筑物来说都很重要。在分析工程地质问题时，地下水位以上和以下要分别对待。地基中各层土的物理力学性质与天然含水量和稠度状态关系密切，这又取决于地下水水位。黄土具有湿陷性，在黄土地区勘察中应高度重视地下水位升降幅度的测定。在分析道路翻浆、水库渗漏、渠道渗漏、基坑涌水、流沙等工程地质问题时，地下水位及其变幅是必须考虑的重要因素。

含水层与隔水层的分布和组合对坝基防渗处理极为重要；地下建筑、矿山井巷、山体隧道开挖对基岩裂隙水的研究至关重要；在评价坝基渗透变形、坝基浮托力计算、坝肩侧向水压力计算时，要非常关注对地下水渗透压力的研究。地下水对建筑材料的腐蚀性是工程建筑中必须充分注意的问题。地下水水质，特别是地下水的侵蚀性研究是岩土工程勘察中的一项重要内容。岩土工程勘察规范中对场地水、土腐蚀性调查、测试和评价做出明确规定，这是过去有关规范中所没有的。

5. 物理地质现象

在此专指对工程建设有影响的自然地质作用和现象。地壳表层经常处于内外动力地质作用的强烈影响下，对建筑物造成威胁与破坏，对人类的生命财产也是一个严重危害。例如，一次地震使无数的建筑物遭受破坏，酿成巨大灾难；一个大滑坡能使房屋、道路甚至整个村庄被摧毁；泥石流、岩溶坍陷、崩塌、海岸冲刷等现象，都会给建筑物带来危害。许多建筑物破坏往往不是建筑物本身不坚固或地基不稳定，而是由于对与之有关的物理地质现象认识不够，缺乏调查研究和预测而造成的，所以在岩土工程勘察中必须把不良物理地质现象作为重要对象加以研究。

物理地质现象研究内容包括现象发生发展规律、产生原因、影响其发生发展的因素、形成的条件和机制、发展的过程和阶段等。在研究方法上除了一般的测绘、勘探、试验方法外，还要进行长期观测，以了解其动态和动力学特征，以便对它做出正确评价、制定合理的防治措施。对于特别严重又难以治理的可以设法避开；对于难以避开又必须治理的，则应在深入调查研究的基础上，制订切实可行的方案予以治理。

6. 天然建筑材料

许多建筑物的建筑材料就是取之于土和岩石，可称为天然建筑材料。

天然建筑材料的数量和质量以及开采运输条件是对建筑物结构的选择起决定性作用。例如，在峡谷地区，一般是土料较少而石料丰富，水坝坝型就应当选择堆石坝或砌石坝；又如，在河谷盆地地区，土料丰富，则可选择土坝。

对需用天然建筑材料数量较大的建筑物来说，为降低造价，提高经济效益，则应尽可能地做到“就地取材”。

天然建材勘察的要点：一是寻找满足各种用途且符合质量要求的材料，二是建材的数量应满足建筑物施工的需要。

（二）工程地质问题

“工程地质问题”一词在岩土工程勘察中也是被广泛应用。

工程地质问题是指工程建筑与地质环境相互作用、相互矛盾而引起的、对建筑本身的顺利施工和正常运行或对周围环境可能产生影响的地质问题。

一项工程建筑是由许多建筑物组合而成的，建筑与地质环境的作用是由各建筑物及其构成部分共同完成的。例如，一个水利水电工程是由水坝、水库和枢纽建筑物共同组成的，而整个枢纽建筑物之间互相依赖才能发挥各自的作用。在施工过程中或建成运行之后，水库、水坝和其他建筑物各自与地质环境发生相互作用、产生不同的工程地质问题。水坝的主要问题有：坝基渗漏问题、绕坝渗漏问题、坝基稳定问题、坝肩稳定问题等；水库区的工程地质问题有：水库渗漏问题、水库坍岸问题、库岸浸没问题、水库淤积问题以及水库诱发地震问题等。其他建筑物还各有自己的问题，只要兴修水利枢纽工程，相应地就会产生一系列工程地质问题。对工程地质问题特别严重，而处理措施难以实施，且工程造价昂贵时，则有可能舍弃此建筑场地。

工程地质问题的分析研究，主要是分析研究建筑物与工程地质条件相互作用的影响因素、作用的机制和过程、边界条件等，做出定性评价，并进一步利用各种参数和计算公式进行计算，做出定量评价，明确作用的强度或工程地质问题的严重程度及其今后演化进展程度。在论证工程地质问题对工程建筑物施工及今后运营过程中可能产生影响的基础上，还需论证工程地质问题对周围环境的影响，即可能造成的环境工程地质问题。如大型高坝、水库的兴建可能产生的生态环境问题、自然与人文景观改变问题、诱发地震能否产生问题、已有建筑物的安全问题以及地下矿产资源的开采利用问题等。

对工程地质问题分析，既要充分了解和研究工程地质条件，又要密切结合工程建筑的自身特点予以论证。

例如，房屋建筑的工程地质问题之一是地基沉降问题。房屋修建后就要对地基土体产生压力，使地基土体发生压缩变形，造成建筑物沉降。地基沉降问题能否产生则需从两方面考虑论证。如果地基土体和水文地质条件较好，沉降量计算结果不超过房屋容许的沉降量，则不会对房屋造成破坏，那么地基沉降问题就算解决了。如果房屋的规模大，层数多，荷载大大增加，地基沉降量计算结果可能超过容许沉降量，那么这一问题就变成影响建筑物安全的大问题予以高度重视和处理，处理办法：一是地基土体加固；二是改变建设物基础结构设计。

对工程地质问题分析研究和论证，其关键是对工程地质条件的深入了解和认识，同时也需密切结合建筑物的特点进行研讨。工程地质问题分析研究能够起到指导勘察的作用，为合理选用勘察手段、布置勘探工作量提供依据。工程地质问题分析具有指导全局的意义，是工程地质勘察的中心环节，是工程地质工作的重要任务，必须高度重视和谨慎对待。

二、工程地质测绘与调查内容

工程地质测绘是为工程建设服务的，自始至终以反映工程地质条件和预测建筑物与地质环境的相互作用为目的，深入地研究建筑区内工程地质条件的各个要素。对工程地质条件这一概念的论述上节已经讨论了，这节就不必重复详述，下面仅就研究内容分项列出。

查明地形、地貌特征，地貌单元形成过程及其与地层、构造、不良地质现象的关系，划分地貌单元。

查明岩土的性质、成因、年代、厚度和分布。对岩层应查明风化程度，对土层应区分新近堆积土、特殊性土的分布及其工程地质性质。

查明岩层的产状及构造类型、软弱结构面的产状及其性质，包括断层的位置、类型、产状、断距、破碎带的宽度及充填胶结情况，岩、土层接触面及软弱夹层特性等，第四纪构造活动的形迹、特点与地震活动的关系。

查明地下水的类型、补给来源、排泄条件、井、泉的位置、含水层的岩性特征、埋藏深度、水位变化、污染情况及其与地表水体的关系等。

搜集气象、水文、植被、土的最大冻结深度等资料。调查最高洪水位及其发生时间、淹没范围。

查明岩溶、土洞、滑坡、泥石流、崩塌、冲沟、断裂、地震震害和岸边冲刷等不良地质现象的形成、分布、形态、规模、发育程度及其对工程建设的影响。

调查人类工程活动对场地稳定性的影响，包括人工洞穴、地下采空、大挖大填、抽水排水及水库诱发地震等。

建筑物的变形和建筑经验。

三、工程地质测绘的范围、比例尺与精度要求

（一）工程地质测绘范围的确定

工程地质测绘一般不像普通地质测绘那样要按照图幅逐步完成，而是根据规划与设计建筑物的需要在该项工程活动的有关范围内进行。测绘范围大可以观察到较多的露头和剖面，有利于更好地了解区域工程地质条件，但是却增大了测绘工作量，增加了投资，不利于勘察任务的完成。若测绘范围过小，则不能充分查明工程地质条件以满足建筑物的需求。测绘范围的确定，一是依据拟定建筑物的类型、规模和设计阶段；二是考虑区域工程地质条件的复杂程度和研究程度。

建筑物类型不同、规模大小不同，则它与自然环境相互作用影响的范围、规模和强度也不同，确定测绘范围时首先应考虑到这一点。例如，大型水工建筑物的兴建，必然会引起极大范围内自然条件的变化，这些变化又必将作用于建筑物而引起各种工程地质问题，因此，工程地质测绘也就必须扩展到足够大的范围才能查明工程地质条件，解决工程地质问题。一般的房屋建筑与地质环境相互作用所引起的自然条件的变化多局限在不大的范围内，对此测绘范围仅局限在场地及附近地段即可。

在建筑物规划和设计的开始时，为了选择建筑地区或建筑场地，可能有较多的方案，且相互之间又有一定的距离，此时测绘范围应把这些方案有关的地区都包括在内予以调查研究，而到了初勘乃至详勘时，只需在建筑区较小范围内进行测绘或专门性调查研究。

工程地质条件越复杂，研究程度越差，工程地质测绘的范围则越大。

在建筑区或邻近地区内，如有地质研究资料应当充分收集并加以运用。

（二）工程地质测绘比例尺的确定和精度要求

测绘所用地形图的比例尺，可行性研究勘察阶段可选用 1：5000~1：50000；初步勘察阶段可选用 1：2000~1：10000；详细勘察阶段可选用 1：200~1：2000。工程地质条件复杂时，比例尺可适当放大。

对工程有重要影响的地质单元体（滑坡、断层、软弱夹层、洞穴等），必要时可采用扩大比例尺来表示。

建筑地段的地质界线、地质点测绘精度在图上的误差不应超过 3mm，其他地段不应超过 5mm。

地质观测点的布置、密度和定位应满足以下要求：

在地质构造线、地层接触线、岩性分界线、标准层位和每个地质单元体应有地质观测点；

地质观测点的密度应根据场地的地貌、地质条件、成图比例尺及工程特点等确定，并应具有代表性；

地质观测点应充分利用天然和人工露头，当露头少时，根据具体情况布置一定数量的勘探工程；

地质观测点的定位应根据精度要求和地质条件的复杂程度选用目测法、半仪器法和仪器法。地质构造线、地层接触线、岩性分界线、软弱夹层、地下露头、有重要影响的不良地质现象等特殊地质观测点，宜用仪器法定位。

四、工程地质测绘的方法和程序

工程地质测绘方法和一般地质测绘方法相同，即沿一定的观察路线做沿途观察，在关键点上进行详细观察和描述。观察线的布置应以能在最短的路线观察到最多的工程地质现象为原则。范围较大的中小比例尺工程地质测绘，一般以穿越岩层走向或地貌、物理地质现象单元来布置观察路线为宜。大比例尺详细测绘，则应以穿越岩层走向和追索界线的方法相结合来布置观察路线，以便能较准确地圈定各工程地质单元的边界。

在工程地质测绘过程中，最重要的是要把点与点、线与线之间所观察到的现象联系起来，克服只孤立地在各个点上观察而不做沿途连续观察和不及时对观察到的现象进行综合分析的偏向。同时，还要将工程地质条件和拟进行的工程活动联系起来，以便能确切地预测工程地质问题的性质和规模。

工程地质测绘的程序和其他地质测绘工作相同。首先是收集、查阅已有的地质资料，明确本次测绘需要重点研究的问题并编制出工作计划或设计书。进行航卫片的解释，对区域工程地质条件做出初步的总体评价，判明工程地质各要素的一些标志。进行现场踏勘，选定测制标准剖面位置，确定分层原则、单位划分和标准层。测制地貌剖面以便划分地貌单元和各单元特征，全面开展地面测绘工作。

工程地质测绘与调查最终的成果资料应包括：工程地质测绘实际材料图、综合工程地质图或工程地质分区图、综合地质柱状图、工程地质剖面图以及各种素描图、照片、录像和文字报告。

第五节　岩土测试

其目的是为地基基础设计提供岩土技术参数，分为室内岩土试验和原位测试，测试项目通常按岩土特性和工程性质的确定，室内试验除要求做岩土物理力学试验外，有时还要模拟深基坑开挖的回弹再压缩试验、斜坡稳定性的抗剪强度试验、振动基础的动力特性试验以及岩体的抗压强度和抗拉强度等试验。

一、岩土工程勘探及采样

（一）岩土工程勘探

岩土工程勘探采用专业设备来对地下一定深度进行勘探，可直接、有效地了解建设影响深度范围内的地下水情况、岩土体特性及分布情况。

1. 钻探

钻探利用钻探设备来破碎岩土体，形成钻孔并采样，进而了解地层情况。钻探的适用范围广，不受环境的限制，钻探精度高。螺旋钻探部分适用于黏性土，部分适用于砂土、粉土，不适用于岩石、碎石土，采取时对试样造成的扰动较小。无岩芯钻探适用于岩石、沙土、粉土及黏质土，部分适用于碎石土，但不能直观鉴别，采取时会对试样造成移动扰动。岩芯钻探适用于岩石、砂石、粉土及黏性土，部分适用于碎石土，其特点在于鉴别直观，采取时不会对试样造成扰动。冲击钻探适用于碎石土及沙土，部分适用于粉土，不使用于岩石及黏性土，这一方法鉴别不直观，采取时会对试样造成一定的扰动。锤击钻探适用于沙土、粉土及黏性土，部分适用于碎石土，不适用于岩石，其特点在于可直观鉴别，采取时不扰动试样。震动钻探适用于沙土、粉土及黏性土，部分适用于碎石土，不适用于岩石，其特点在于鉴别直观，采取时会对试样造成一定扰动。冲洗钻头适用于沙土、粉土，部分适用于黏性土，不适用于岩石及碎石土，这一方法鉴别不直观，采取时会对试样造成一定扰动。

2. 坑探

工程坑探工程的特点在于工作人员可以直接察看、记录地质结构，这能帮助其更好地把握地质结构的细节，可以直接采样及原位测试。但这一技术的周期长、资金耗费大，当自然条件较差时不能使用这一技术。探槽是底面深度介于 3~5m 的长条形槽，这一技术将地面覆土剥除，揭露基岩，可划分岩性，帮助工作人员了解断层破碎带，判断残坡积的厚度、物质及结构。试坑是从地面向下，深度介于 3~5m 的垂直的方形或圆形小坑，通过试坑可取原状土样，做渗透试验及载荷试验。浅井从地表向下做 5~15m 方形或圆形井，可用于判断风化层及覆盖层的厚度及岩性，可用于取原状土及做载荷试验。斜井的形状同浅井，其深度在 15m 以上，一些情况下需要采取支护措施，通过斜井可明确覆盖层的性质及厚度，可判断断层破碎带、软弱夹层分布及风化壳分带，也可以了解滑动面、坡体结构等，斜井布置在岩层缓倾、地形平缓的地段。平巷不出露地面，但连通竖井，与岩层的走向垂直，通过平巷可做试验及了解河底的地质结构。平砸是在地面有出口的水平坑道，其深度大，通过平砸可了解斜坡地质结构，判断河谷地段的风化岩层、破碎带、软弱夹层、地层岩性等，可取样，还能进行应力测量及原位试验。

3. 地球物理勘探

地球物理勘探采用物理原理和方法来探测场地岩土层，其特点在于立体可视，投入少，但有时会受到一定干扰。常用的物探方法包括放射性勘探、磁法勘探、电法勘探、重力勘探、地震勘探及地球物理测井等。

（二）不同阶段的勘探技术应用

在可行性研究阶段进行勘察时，工程地质测绘应用较多，通过勘探来发挥辅助作用，勘探时以物探方法使用较多。初勘时需要整体评价场地情况，这一过程中主要是使用钻探方法配合采取土样试验。详看时需要充分了解场地地质情况以及工程建设的影响因素等，需要充分了解岩土问题及基础，因此，除了要进行现场勘探以外，还需要大量取土试验来辅助。

（三）采取试样

勘察项目少不了采取试样这一任务，采取的试样可用于室内试验，从而获取相关参数量化评价场地岩土。常见的采取试验样品包括水样、岩石样、扰动土样及原状土样。采样的方式比较多，采样可在地质调绘时的探坑及勘察施工作业时进行操作。

取土样时，根据方式的不同可划分为回转式及贯入式。回转式多用于密实、坚硬的土中，还可以应用于软岩中。当土的质地比较软时可以采取单动类型，当土质比较坚硬时可采取双动类型。

二、原位测试与室内试验

（一）原位测试及室内试验的目的

原位测试及室内试验的目的在于对岩土的状态进行分析评价，为技术设计提供参数指导。原位测试在不对岩土体造成扰动的前提下进行试验，可以帮助工作人员了解岩土体的原本结构，但原位测试不能对试验时的应力路径进行控制，受到各种因素的限制不能广泛开展大型现场试验。室内土工试验室试验条件明确，可大量采取试样，但试样的采取、运输及试验过程中容易受到扰动，可能导致与试验结果不能真实反映土样的真实情况。

（二）原位测试技术

1. 动力触探试验

动力触探试验使用一定动力能量将设备探头打入待测岩土层中，对锤击次数进行记录，从而判断地基土的相关参数。通过动力触探试验可对地基的变形参数、承载力进行判断，可帮助工作人员判断持力层下空洞情况，可检验承载力以及判断是否存在软弱土层。

2. 静力触探试验

这一方法将探头以静力方法来匀速压入测试土层，在这一过程中使用电子测量仪器来测定探头端部所受阻力，从而帮助工作人员了解地基土的相关参数、判别液化、分类场地土、预估单粧承载力等。

3. 标准贯入试验

这一方法将标准质量的落锤从规定的高度自由落下，借助重力势能将标准贯入器打人待测沿途曾，记录每贯入 30cm 的锤击次数从而判断岩土层的密实程度、地基承载力、地基变形模量，还可以帮助了解花岗岩类风化情况、砂类土密实程度等。

4. 静载试验

这一方法将一定面积的刚性承压板放置于待测物体上，对实验对象逐级施加设计力，观察时间与变形之间的关系，从而判断承载力。这一方法具有较强的泛用性，可应用于桥梁基础检测、结构构件检测及地基检测。

5. 岩土原位应力测试

这一方法在保持岩体原始应力的前提下量测应力，可应用于质地均匀、完整且无水的岩石，结合实际情况可采用表面应力测试、孔底应力测试及孔壁应力测试。通过对岩体的原位应力测试，可评价软岩的流变及硬岩的岩爆。

6. 现场直剪试验

这一方法使用换刀切取土样，对土样水平施加推力，竖向施加压力从而破坏土样，对数据进行分析从而得到试验参数。现场直剪试验所使用的试样要大于室内试样，且由于是在现场实际操作，因此参数更加接近实际情况。通过现场直剪试验可判断土样的抗剪强度，可判断建筑及边坡稳定性。

7. 应力铲试验

这一方法可应用于饱和土的检测，将应力铲放入土中，对孔隙水压力、水平总应力、垂直贯入阻力、静止侧压力系数等进行测试。这一方法可应用于划分土层、测定地基土的物理力学指标。

8. 旁压试验

这一方法预先使用设备钻孔，将旁压器下入孔中，加压后旁压器膨胀变形，从而对孔壁造成侧向挤压，对压力与变形关系进行测量，从而了解周围土体的参数。使用这一方法可计算变形模量及对地基的承载力进行估算。

（三）室内试验

土的室内试验的测试项目包括矿物成分、力学指标及物理指标等。岩石的室内试验项目包括抗剪切强度、抗压强度、矿物成分及密度等。水土腐蚀性的室内试验主要是对离子成分及含量进行测定。

三、现场检验与监测

（一）现场检验

现场检验包括施工时间、施工质量以及验证勘察成果。监管施工质量主要是施工时对质量进行监督控制，如检查是否有检验报告、是否满足要求，对基槽开挖时检验基槽尺寸及基槽底部标高等。验证勘察成果是在施工过程中在基坑开挖时对揭露土体进行判断评价，通过现场情况的观察可以对勘察结果的成果进行补充、修正。当发现实际情况与勘察成果存在出入时就需要补勘。

（二）现场监测

现场监测管理、观测所有会对工程造成影响的不良地质情况，其贯穿建设工作全程，通过现场监测可以为工程安全提供保障，确保工程得以顺利施工，确保项目运营期间的安全，现场监测的内容主要包括：监测环境条件，监测水文地质条件及工程地质等要素，特别是监测会对工程带来威胁的不良地质现象；

监测各种荷载下岩土的变化；

工程施工及运营过程中贯穿对结构物的监测。

为了更好地提高岩土工程勘察成效，工作人员们理应对沿途样品、项目及取值等进行深入研究及分析，以便得出更精确的检测数据及答案。此外，工作人员在进行岩土测试的过程中还应对地质与岩土资料进行勘察及测试，依据工程要求及岩土性状等因素制定一系列行之有效的对策及施工方案。

最后是岩土工程勘察成果整理，此项工作是勘察工作的最后一步。

勘察成果是对勘察全过程的总结，并以报告书的形式提出。

报告书编写以调查、勘探、测试等原始资料为基础，经过对原始资料的分析研究、去伪存真、归纳整理，使资料得以提炼，得出正确的结论。报告要阐明勘察项目的来源、目的与要求；拟建工程概述；勘察方法和勘察工作布置；场地岩土工程条件的阐述与评价等；对场地地基的稳定性和适宜性进行综合分析论证，为岩土工程设计提供场地地层结构和地下水空间分析的几何参数、岩土体工程性状的设计参数，提出地基基础设计方案的建议；预测拟建工程对现有工程的影响，工程建设产生的环境变化以及环境变化对工程产生的影响，为岩土体的整治、改造和利用选择最佳方案；预测岩土工程施工和工程运营期间可能发生的岩土工程问题，提出相应的监控、防治措施和合理的施工方案。

第五章　岩土工程勘探技术的有效方式

第一节　理论与实践相结合

岩土工程勘察领域所属的基本理论，包含土力学、工程地质、工程力学理论等方面，这些多数为模仿科学的理论。譬如，经验型公式。从本质上说，岩土工程的过程，是指在理论指导下，应用个人经验，结合实践，构建模型，技术人员运用精确的参数数据、良好判断，解决实践问题的过程。

对于岩土工程技术人员而言，扎实的理论和丰富的经验、良好的工程判断力均是尤为重要的。在学习和运用理论的过程中，要注意隐藏在公式和规律背后的背景知识和真正实际内涵及其假定边界条件。而积累经验的过程可分为分析学习与预测→现场观测→对比分析、预测和现场观测结果、分析、评估和总结三大过程。总之，经验积累与理论是相辅相成的。岩土工程勘察中的理论与实践，具有同等重要地位，偏倚任何一方都将有失偏颇。

一、岩土工程勘察理论

岩土工程勘察的对象是建设场地的地质、环境特征和岩土工程条件，具体而言，主要是指场地岩土的岩性或土层性质、空间分布和工程特征，地下水的补给、储存、排泄特征和水位、水质的变化规律以及场地周围地区存在的不良地质作用和地质灾害情况。岩土工程勘察工作地任务是查明情况，提供各种相关技术数据，分析和评价场地的岩土工程条件并提出解决岩土工程问题的建议，以保证工程建设安全、高效地运行，促进经济社会的可持续发展。

勘察工作的基本步骤如下：承接勘察项目（投标或直接委托）——接受勘察任务书——搜集已有资料——现场踏勘——勘察纲要编制——勘察野外工作——室内试验——资料整理——勘察报告编制，每个勘察项目都应该按照这样的程序步骤开展工作。

二、岩土工程勘察实践工作重点内容

随着岩土工程勘察实践工作的不断发展，其自身体制和选用方法都逐步提高和创新。我国结合本国岩土整体现状，将施工建筑的地基和基础以及地下工程之间的关系作为岩土工程工作的主要研究对象。在岩土工程实践工作过程中，必须根据工程实际，就勘察、设计、施工过程中可能遇到的问题，给予充分论证和分析，以便提出可行性解决方案。

具体说来，应做好以下几方面的工作。

（一）正确利用勘察理论与工作经验之间的紧密关系

勘察理论与工作经验的紧密关系对于岩土勘察工程实践工作的影响作用十分关键。两者同等重要，相互促进，相辅相成。依据科学研究和经验积累，建立了诸多岩土工程勘察工作基础理论，解决岩土工程勘察过程中的问题需要借助这些理论指导，利用相关技术人员的工作经验并结合施工拟建地的实际状况，建立一种相应的本构模型，充分合理地运用勘察参数，经过判断确定最终结果。

（二）正确进行岩土工程勘察、设计工作的交流与沟通

两者的沟通交流也十分关键。依据我国岩土工程勘察的一些规范和章程，建筑施工工程在进行现场岩土地质勘察之前，必须充分收集和整理拟建工程的信息资料。另外，在进行拟建工程施工现场的岩土勘察具体工作时，勘察技术人员应提前与工程设计者进行思想交流和沟通，了解其设计意图，并弄清拟建工程的特性特点，保证工作的有效性，避免出现不良后果。

（三）严格控制岩土勘察工作的等级划分

按照国家标准制定的岩土工程勘察等级划分标准，如勘察等级、地基基础的复杂程度等级、安全等级以及重要性等级等是一项重要的施工参考指标。在进行岩土土质勘察工作时，要充分考虑到岩土工程勘察工作量布置的情况，严格控制和制定相应标准，保证拟建工程进行施工的安全性和经济性。

（四）确保岩土工程勘察实践工作经济、合理地展开

做到既经济又合理地开展岩土工程勘察工作，是勘察技术人员给予足够重视的问题。在岩土工程勘察实践工作满足以上基本规范章程的要求之后，还应考虑工作经济有效地展开，寻找最为恰当的方法和手段进行勘察工作，完成勘察任务。在一定程度上，勘察工作消耗成本的多少反映着勘察技术水平的高低。

三、岩土工程勘察实践依据的原则与方法

要进行岩土工程勘察工作，选取勘察手段、设备和组合方法十分重要，需要按照以下原则。

因建构筑物级别不同，主要是指高层建筑与多层建筑勘察差异，而采取不同的勘察手

段及设备组合进行勘察；

因场地条件不同，如宽阔平坦的场地，条件限制较多而勘探深度不高的场地，线形工程，水上工程，冰上工程等，而采用不同的勘察手段进行勘察；

因地层条件（软、中、硬程度）不同，而采取不同的勘察手段进行勘察；

因地层结构（强度高低）不同而采取不同的勘察手段。

此外，进行岩土工程勘察实践工作应选择合理的方法，具体可参考以下内容。

采用适当方法确定现场地基承载能力。我国确定现场地基承载能力主要结合以往总结的勘察实践经验，选取载荷试验法、理论公式法、规范查表法三种方法进行：一是荷载试验法确定的地基基础承载力最直接、有效，但由于此方法使用受拟建工程施工条件限制较多而较少运用；二是理论公式计算法确定地基承载力，主要与现场土质的抗剪强度指标测定是否准确关系密切，而实际工作测定抗剪强度也受到许多因素的影响，容易造成误差；三是查表法确定地基承载力，主要依赖岩土工程勘察经验，有一定的时间限制。由于工作经验有限，导致数据的模糊性和不确定性，无法准确确定地基承载能力。

用合理的方法确定岩土土质压缩模量值，包括黏性土质和沙质土体压缩模量值的确定。结合以往岩土工程实践工作经验，沙质土体压缩模量值的确定要比黏性土质压缩模量值的确定要困难一些，这是因为通过室内土质压缩试验分析即可确定黏性土质压缩模量值，而国家并没有制定相关规范和方法来确定沙质土体压缩模量值。通常只有通过相关试验计算、查阅资料等得出经验值进行模糊估算，得出的结果值各种方法均存在较大差距，适用性小。因此，怎样对岩土土质压缩模量值进行精确确定将作为主要研究课题之一。

四、岩土工程勘察理论的实践应用

（一）岩土工程勘察存在的问题

勘察纲要的问题。目前勘察中，在很多单位的勘察项目中不要求编写勘察纲要。有的项目虽有勘察纲要，但往往与要求不符，有的纲要，则针对性不强，对勘察工作的指导意义不大，反而影响勘察成果的质量。

1. 勘察手段的问题

目前，许多勘察单位按照旧的勘察方法，思维禁锢、手段单一。勘察报告内容多停留在定性评价，而定量评价数据较少。

2. 勘察质量的问题

由于多种原因导致许多勘察单位已实行企业化，直接或间接地影响到勘察的质量，导致勘察报告质量不高，出现问题。

3. 勘察报告的问题

许多勘察报告中只注重定性分析，定量数据较少，建议措施针对性较差。

4. 工程与环境的问题

目前，工程建设的发展主要有三个特点：工程越来越复杂，工程建筑场地的地质条件越来越差，岩土问题越来越复杂。

（二）解决方法

加强勘察市场的监督和管理，尽早推行岩土工程监理体制。首先，要加强对勘察合同、勘察纲要的审查和管理；其次，要加强勘察现场工作的监督；最后，要加强对勘察报告的审查。因此，勘察单位自身必须健全和推行全面质量管理，同时还必须加强政府部门和社会监督机构对勘察市场的监督和管理，即尽早推行岩土工程监理体制，以确保勘察市场的健康发展。

加强岩土工程技术人员培训。岩土工程技术人员的培养对岩土工程的发展起着举足轻重的作用，要全面推行岩土工程体制，就要先发展相关人才，以适应岩土工程市场发展的需要。

重视地区性研究，尽早制定地方性勘察规程。岩土工程勘察规范，是全国统一的勘察准则，具有普遍性的指导意义。但由于我国面积广阔，地质环境条件十分复杂，因此，必须加强地区性研究，尽早制定地方性规程。

重视工程与环境的共同作用。工程兴建对环境的影响，特别是工程施工及运营时对环境可能产生的不良岩土问题，必须做充分论证和预测，并提出相应的治理措施。

（三）实际应用

工程地质测绘和调查一般在岩土工程勘察的早期阶段进行，也可以用于详细勘察阶段对某些专门地质问题进行补充调查。工程地质测绘和调查能在较短时间内查明较大范围的主要工程地质条件，不需要复杂设备和大量资金、材料，而且效果显著。工程地质测绘和调查的主要任务是在地形地质图上填绘出测区的工程地质条件，其内容应包括测区的所有工程地质要素，即查明拟建场地的地层岩性、地质结构、地形地貌、水文地质条件、工程地质动力地质现象、已经有的建筑物的变形和破坏情况及以往的建筑经验、可利用的天然建筑材料的质量及其分布等方面，因此，它属于多项内容的地表地质测绘和调查。工程地质测绘前的准备工作如下。

首先是资料收集和研究。应收集的资料主要有区域地质资料、遥感资料、气象资料、水文资料、地震资料、水文及工程地质资料、建筑经验等。

其次是踏勘。现场踏勘是在收集研究资料的基础上进行的，目的在于了解侧区的地形地貌及其地质情况和问题，以便合理地布置观测点和观测路线，正确选择实测地质剖面位置。

最后是编制测绘纲要。测绘纲要是进行测绘的依据，其内容应尽量符合实际情况。测绘纲要一般包含在勘察纲要内，在特殊情况下可单独编制。测绘纲要应包括工作任务情况（目的、要求、测绘面积、比例尺等）、地理情况（位置、交通、水文、气象、地形地貌）、测绘区的地质概况（地层、岩性、地下水、不良地质现象）、工作量、工作方法及精度要求、人员组织和经费预算、材料物资器材、工作计划及工作步骤。

工程地质测绘的方法主要有两种：一是相片成图法，二是实地测绘法。实地测绘是工程地质测绘的野外工作方法，它又可分为路线法、布点法和追索法。在完成工程地质测绘的基础上，进行工程地质的勘探和取样、岩土工程原位测试、室内试验、房屋建筑与构造物的勘察评价、地下洞室的勘察与评价、边坡工程的勘察评价、岩土工程分析和评价报告的编写。

第二节 设计沟通的必要性

执行房屋建筑工程详勘前，应广泛收集附有坐标和地形的建筑总平面图，场区的地面整平标高，建筑物的性质、规模、荷载、结构特点、基础形式、埋置深度、地基允许变形等确切资料。强调勘察前期与设计沟通的重要意义与影响，因设计者是勘察成果的直接实践对象。在工程前期，勘察者应有效把握设计意图，明确拟建物的工程特性。这有利于有的放矢、经济合理，提供最直接、最有用的勘察成果。譬如，高层建筑设置有裙房。在勘察前，必须明确设计拟采用的基础形式及连接方式；对于主体不高而且跨度较大的建筑群，采用柱基布置的勘探孔深度。这与采用筏基布置的勘探孔深度存在较大差距，需要加强勘察前的设计沟通。

一、设计方应注意的重点

设计方作为岩土勘察成果的直接使用者，首先应根据建设方的建设意图、拟建建筑物的特点及区域岩土特征等明确给出详细的岩土勘察任务书或技术要求，这样既能使勘察方提交的勘察报告满足规范及设计要求，又能给建设方带来相应的经济效益，切实做到想建设方之所想，急建设方之所急。

设计方应与勘察方进行深入的沟通，避免两者严重脱节。设计方应将拟建建筑物的上部结构的建筑特点对勘察方做扼要说明，便于勘察方对勘察工作做到有的放矢，具有针对性，避免所提报告因对拟建建筑情况的不了解而导致的不足，最终无法满足规范及设计要求。

二、建设方应注意的重点

建设方作为建筑工程的业主，是岩土工程勘察费用的支付者和勘察成果的最终享用者，其希望价廉物美、费用低、质量好、服务好。因此，在这二者间做出平衡选择之前，应注意下列几个方面问题。

优先选择资质较好、技术实力雄厚、信誉好的勘察单位。由于当前制度和监督机制的不足，市场上存在不少个人挂靠勘察单位从事勘察业务的状况。因此，在选择勘察单位时应注意甄别，确定真假优劣，必要时对报名勘察单位进行实地考察。

岩土工程勘察费用目前主要有按国家收费标准和按市场行情收费两种，两种差别很大，前者有的可达每米几百元，后者低的只有40~50元。存在这种现象有多方面的原因，既有市场因素，也有体制因素。国家收费标准是根据严格按规范要求进行岩土工程勘察来制定的，是按照勘察中各项工作分别套用相应的收费标准汇总而成，因此偏高；市场行情收费标准是按市场运行机制，按基本满足勘察要求进行施工而签订的综合单价合同，然后再按实际勘察钻探进尺乘以综合单价计取，费用偏低。

对于按综合单价进行勘察项目承揽的，勘察孔数量和孔深决定了勘察费用的多少。因此，对勘察孔数量和孔深应有明确的规定。勘察孔数量和孔深要求，一般与拟建建筑物的外形、尺寸、结构、层数高度等情况和场地的岩土性质有关，建设方应要求设计方给出详细的勘察任务书或技术要求，同时应对其进行审查。

岩土工程勘察的逐步完善，对勘察成果资料的要求越来越高，有些资料需要建设方提供的，建设方要积极配合，例如，勘察场地总平面图、地形图、地下管网线图等。由于计算机的广泛使用，这些资料也应包括数字化电子版本而不只是纸质的原始资料。提供较为完整的，与建设项目有关的资料，可避免勘察方少走弯路，节约时间。

有的建设方一旦勘察方完成野外场地的勘探工作后就马上催促其提交最终成果报告，这是很不明智的。因为野外工作只是勘察的一部分，室内样品化验测试、资料整理、报告编制和打印、报告审核和复制等工作都要做。特别是样品化验是不能赶工的，很多化验测试指标按规范要花费很长时间才能完成，短时间化验测试出的这些指标不可能是真实或按规范要求来完成的，只能造假。如果真是工程急用，可以让勘察方先提供中间成果资料。

三、勘察方应注意的重点

勘察方作为岩土勘察的完成者，是勘察成果优劣的关键所在。勘察方应注意以下几方面的问题。

（一）前期准备工作

前期准备工作主要包括前期资料的收集、现场编录技术人员、报告编写人员和勘探施工机组人员及勘探设备物资的安排。

前期资料包括建筑方提供的各种平面图（最好包括数字化电子版）、勘察技术要求等，还包括勘察方自己应当搜集的场地区域地质资料、水文地质资料及周边建筑物情况等。

现场编录技术人员、报告编写人员的安排一般由各勘察单位的具体情况而定。进入现场勘察前，现场技术人员和报告编写人员及报告审核人员应召开勘察前的技术交底会议，充分了解建筑方所提出的勘察技术要求，切实做好各项准备工作，制定完善的勘察纲要。

勘探施工人员到单位后，勘探长应按分工及时组织勘探施工人员做好相应的进场准备，同时应全面、透彻地了解勘察纲要的各项内容，不明之处一定要在勘探施工前向现场技术人员了解清楚。

（二）现场施工工作

当人员和设备进驻现场后，现场编录技术人员首先要在建筑方代表的帮助下，根据红线图确定场地的具体位置，然后根据勘察合同要求由哪一方测定准确的勘察孔位，并对测定的孔位打上木桩，编好孔号，一旦编好孔号后就不能随意更改，否则很容易引起后续工作的混乱。

现场编录技术人员将勘察孔合理分配到各勘察机组，再次交代各施工孔的孔号、相应的技术要求等，因为目前的勘察施工人员的素质相比以前降低了很多，甚至很多是没有经过专业培训的。

现场施工是关键性、基础性的工作，是勘探质量最重要的控制点。除了现场技术人员要做好现场技术指导、坚持原则外，尚需勘探施工机组的人员具有专业技术和敬业精神，才能确保勘察各个项目的原始资料准确，为整个勘察成果带来最基本的保证。

一般现场施工 1~2 个孔后，报告编写人员、审核人员、技术负责人及项目负责人最好到现场察看指导，做到现场施工有问题早发现、早控制，确保基础成果资料的质量。

现场勘察技术人员在现场施工完毕后，应仔细检查是否所有勘察要求和勘察内容均已完成，如岩芯拍照、样品数量、水位观测等是否齐全、是否正确无误，避免退场后再进场的返工问题。

（三）室内资料整理和报告的编制

室内资料的整理应有现场技术人员的参与。很多勘察单位由于勘察分工较详细，现场技术人员回来后将现场编录和原始班报表交给报告编写人员就不管了，这样很容易造成两者之间的脱节。

对原始编录资料、室内化验结果及现场测试、现场拍照等逐一比对，出现异常和矛盾时应认真查明原因，确保一手资料的准确可靠。

按勘察技术要求，依据各类规范和当地的通常格式做好各类资料整理工作，各资料整理成果除需整理者自检外，尚应由他人再进行校对检查，做到无一纰漏。

根据整理出的成果资料，写出勘察报告。由于各勘察场地的岩土特征、拟建建筑物、勘察要求等千差万别，因此勘察报告不能生搬硬套，勘察报告应注意重点突出，具有很强的针对性。

勘察报告中应特别重视场地的稳定性评价、地基承载力和地基变形的评价以及场地地下水的评价。场地稳定性评价中的地震评价近年来越来越被高度重视，尤其是高层建筑和大规模的建筑场地。地基承载力和地基变形是相辅相成的，与地基基础的选择一起应综合考虑、综合评价，才能取得理想效果。

完善勘察报告。

掌握分层原则，确定合理的分层编号方法。不同的单位对土层的编号大多不一样，特别是同一场地，不同勘察单位进行勘察的就很难进行比较。最好每个地区有一个统一的参考标准，做出相对统一的规定。

设计全部采用绝对高程，不用假设的相对高程。因为勘察报告采用假设相对高程，后续很多工作使用勘察成果时还要重新换算或参考点破坏，也易引起差错，最好建筑方配合提供这方面带坐标的红线图等相关资料。

剖面图是作为地基基础设计的主要图件，其质量好坏的关键在于：剖面线的布设是否恰当，如勘察报告提供的勘探点平面位置图上的剖面线最好用直线，不要用折线剖面，折线剖面不能直观反映地质变化情况，特别是当持力层顶面变化较大时，若采用桩基时桩长难以分区；地基岩土分层是否正确、合理；分层界线，尤其是透镜体层、岩性渐变线的勾连是否合理；剖面线纵横比例尺的选择是否恰当，最好横向竖向一致，否则剖面反映的地层变化不直观、也不真实。

四、审查方应注意的重点

目前，各地均建立起的施工图审查机构、勘察报告是其中的一项审查内容。审查的重点主要是法律法规、规范规定的强制性条文所涉及的内容部分。由于勘察的规模和勘察程度要求不同，应掌握原则性和灵活性的有机统一。

坚持公平性、公正性，对本地区勘察单位和外地区勘察单位应一视同仁，否则不利于勘察市场的健康发展。

五、岩土工程中勘察、设计和施工一体化的模式

一体化关系概述工程设计需要岩土工程勘察所获得的地形地貌、土质水文和周边环境等数据作为参考依据，合理高质的设计方案是后期工程施工顺利进行的关键。从目前的工程建设情况来看，这三者之间的关系并没有被紧密联系在一起，如果遇到岩土工程勘察的数据非常复杂，工程设计方案也很难符合复杂的岩土结构。尽管整个过程分工明确，但是每个环节都需要专业人员，工程周期也长，这种传统模式已经无法满足当前建设市场的实际需求了。发展岩土工程一体化是一个必然的发展趋势。

（一）一体化模式的优势

1. 有利于新技术的应用和创新

在一体化模式下的工程建设的建成质量会大大提升，而且因为各个环节之间的联系加强，一些以前处于灰色地带的问题就会凸显出来，整个工程建设的完整性就提升了，那么可以由此来调整技术设备的使用，一些新的技术应用也就应运而生。

2. 节约成本

一体化的模式下勘察、设计和施工之间可以说有目的性地开展工作，在进行每个环节时都会考虑对下一个步骤的影响，从而减少一些不必要的操作步骤。再者，在设计期间，可以让前段施工和后段勘察工作同时进行，在施工经费和人力投入上都能有一定的节省。

因为彼此之间的连贯性加强了，对工程的监督力度自然就提升了，在整个工程中资源的利用率会更高，耗时会更短，质量也会越来越高。

3. 明确承包商和业主之间的责任分工

一体化的岩土工程在结构上会精简许多，在工程建设期间只有业主和承包商这两个关系主体存在，这样的话便于责任的划分，能够有效避免施工过程中发生矛盾。

（二）岩土工程一体化建设的有效措施

1. 加强法律法规的制定

通过法律法规的完善和增订，要求承包商强化勘察、设计和施工的管理力度，严格遵守法律法规和按照规范操作指南进行日常的工作，确保工程建设管理的高效。通过提高岩土工程一体化建设的保障，使这种模式更容易推广开来。

2. 转变传统观念

通过宣传和培训来改变员工对于一体化建设模式的认识，使其充分认识到一体化建设模式的重要性。把一体化建设模式应用到实际岩土建设工程中，让更多的建设队伍能够切身地感受到这种模式的运作方式和优点。同时，也要确立一体化建设模式在市场中所处的位置，不仅要确保工程建设的质量，也要提高整个环节的附加服务水平，建立一个集勘察、设计、施工为一体的承包企业。

3. 完善内部组织结构

工程承包商需要结合实际情况，完善企业内部组织结构，规避建设施工过程中因为管理不善而出现的问题。建立一套全面的组织管理制度，整合企业拥有的各种资源为岩土一体化建设做准备，并且加强项目部的管理，对工程的勘察、设计和施工分设相应的项目部来监管，保证工程建设的高效管理，实现资源的合理配置。

4. 优化人员配备

岩土工程一体化的具体实施仍是需要人员来运作的，优秀的工作人员能使工程建设事半功倍。如果一体化建设模式的管理重心在勘察设计业务上，工程建设过程中存在的风险会高很多，应该将关注点着重放在项目管理上，围绕项目管理体系对企业的架构做出调整，保持对培养勘察设计人员的培训投入，通过内部晋升或者外部招聘增加管理人员的数量，从而提高管理效率。

六、岩土工程勘察设计与施工一体化案例

在岩土工程项目中应用勘察、设计与施工一体化模式，既可以保障工程项目质量，又有助于提升建设单位的效益。在实际建设时，要求负责地质勘测、工程设计和现场施工的人员加强信息交流，实现信息共享，充分发挥这一模式的应用优势，高效率地完成工程建设任务。

（一）岩土工程勘察设计与施工一体化的价值分析

勘察、设计和施工是岩土工程建设中三个紧密相关的流程，相比传统的分散模式，实

行一体化模式的优势主要体现在以下几点。

1. 显著提高施工速度

通过加强组织协调，让勘察人员与设计人员保持联系，方便设计人员详细地掌握勘察资料，从而保证设计方案的质量与可行性，加快设计出图效率。让设计人员与施工人员保持联系，用设计图纸指导现场施工的顺利进行，提高了施工速度。

2. 方便工程造价管理

承包商全权负责勘察、设计和施工，能够将各种资源合理配置，对各个环节进行优化，减少工程设计变更，从而有利于工程造价的控制。此外，该模式还具有责任划分明确、加快技术创新等一系列特点，一体化模式的组织架构见图 5–1。

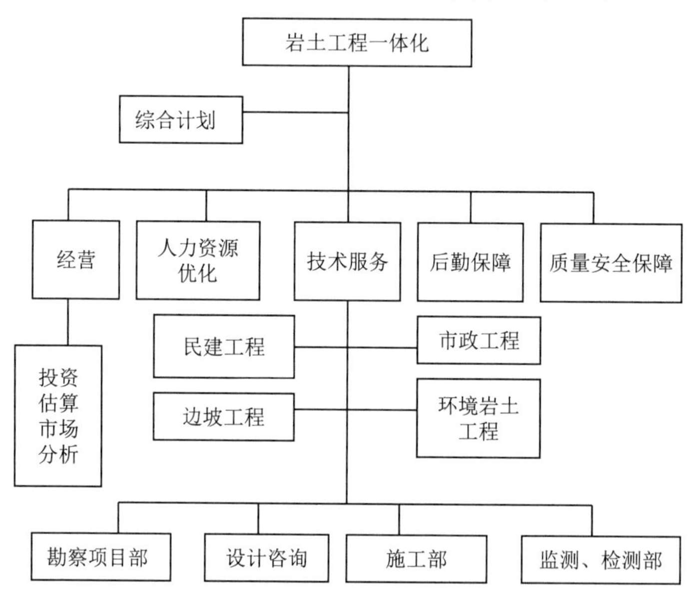

图 5–1　设计与施工一体化模式的基本架构

（二）工程案例概况

某工程项目总用地面积 14391.7m^2，共有 2 栋建筑，1 栋为厂房，1 栋为配套用房。场地东高西低，2 栋建筑的台地落差为 10.5m。该工程区域的地质以素填土、粉质黏土、风化泥岩为主，边坡开挖之后处于不稳定状态，为保障建筑结构安全，需要设置边坡支护。为节约工期和保证支护效果，采用了勘察、设计与施工一体化模式。

（三）岩土工程勘察设计与施工一体化模式的应用

1. 岩土工程勘察作业要点

（1）勘察孔的布置

参考《建筑边坡工程技术规范》（GB 50330—2013），以现场边坡为基准线，沿着边坡走向，以 50cm 为间隔，画出 1 条与边坡平行的勘探线，在该条线上以 20cm 为间隔，布设勘探点。在该次工程中，现场共布设了 27 个勘探点，选取其中的 11 个作为取样点，通过采集岩土样品为原位测试等试验提供必要材料。

（2）钻探成孔

钻孔作业选择的是 XY-100 型钻机，按照“套管跟进、泥浆护壁、回旋钻进、全孔取芯”的作业模式，完成钻孔。初始钻探可使用普通的合金钻头，达到一定深度遇到中风化岩后，要替换为金刚石钻头，以保证成孔效果和钻探效率。开孔口径为 130mm，终孔口径为 100mm。在素填土层钻探时，可适当增加进尺深度，钻探回次进尺深度在 2.0~2.5m 之间，遇到岩层后调整为 2.0m 以内。成孔后还需检查有无孔壁开裂、明显偏斜等问题。若成孔质量不佳，应视为废孔，并在附近重新选择勘探点进行钻孔。

（3）采样及测试

使用取土器进行工程现场土样的采集，将样品装入密封袋后送至实验室进行化验、分析。将土样分成若干份，依次进行各项测试，如原位测试、标准贯入试验、动力触探试验等。以动力触探试验为例，将锥头、触探杆、穿心锤（重 63.5kg）提升至距离测点 76cm 高的地方，使其自由下落、锤击地面，然后记录贯入 10cm 的夯击次数为一阵击数，测试结果见表 5-1。

表 5-1　动力触探试验结果

岩土名称及编号	统计频数	动力触探修正击数 $N_{63.5}$			标准差	变异系数	厚度加权平均值
		最大值	最小值	平均值			
素填土	29	16.8	13.4	14.6	0.628	0.043	14.4
强风化泥岩	8	21.8	19.6	20.1	—	—	20.1

（4）工程测量

在现有的钻孔平面布置图基础上，利用 CAD 软件采集各个勘测点的坐标，选取 A4# 和 2C656# 作为控制点，两个控制点的坐标与高程见表 5-2。

表 5-2　两个测量控制点的基本信息

控制点编号	*X* 坐标（m）	*Y* 坐标（m）	*H* 高程（m）
A4	2563353.502	897271.799	1935.891
2C656	2563287.179	897279.751	1936.088

采用 RTK 按设计孔位坐标将各钻孔放置实地。坐标系统采用本市城建坐标系统，高程系统为 1985 国家高程基准。各勘探点位置由测量工程师采用南方测绘 RTK 卫星定位系统（GPS）进行释放并计算孔口高程。

2. 岩土工程设计工作要点

（1）边坡设计原则

边坡设计前应做好周边环境的勘察，并且参照《建筑边坡工程技术规范》（GB 50330—2013），《岩土锚固与喷射混凝土支护工程技术规范》（GB 50086—2015）等相关规范作为设计依据。在此前提下，还要遵循以下原则。

设计方案要兼顾安全、美观、环保、可靠等要求，保证边坡设计方案的实用性；

基于该设计方案的边坡支护加固，应至少达到 50 年的有效使用期，在该时间段内边坡应有效抵御各种不利荷载产生的破坏，从而保障岩土工程本身的安全和稳定；

在施工条件允许的前提下，边坡治理方案要做到简便易行、经济合理和安全可靠。

（2）边坡设计方案

结合勘察资料，该工程所在地区具有边坡高度大、坡顶与坡地环境较为复杂等特点，因此，基于工程结构安全的考虑，设计边坡安全等级为Ⅱ级，边坡稳定安全系数取1.30。在该次设计验算过程中，按一般工况、饱和工况、地震工况3种工况分别进行验算。同时，重要建筑物以及距离边坡较近的建筑物应优先采用桩基础，以避免建筑荷载对边坡的不利影响。该工程采取锚拉式桩板墙支护，桩截面为1.0m×1.4m，采用双排并列的方式，提高加固效果。另外，使用预应力锚索控制变形。考虑到个别区域的地下水位较高，还要设计边坡排水系统，于挡墙后侧80~100cm处，设计1条宽度为400mm、深度为60cm，与挡墙同等长度的截水沟。内部使用泥浆抹平，提高防渗效果。这样，雨水就能够沿着截水沟向下排出，避免积水渗透影响边坡稳定。另外，还设计若干处降水井，起到降低水位的效果。

3. 边坡稳定性分析

边坡设计时必须开展稳定性分析，作为编制边坡设计方案的重要依据。影响边坡稳定性的因素有工程地质条件、水文条件以及边坡坡形和坡顶荷载等。该工程边坡稳定性计算结果见表5–3。

表5–3　工程边坡稳定性分析

剖面编号	边坡稳定性系数计算方法	边坡计算工况	计算边坡稳定性系数 K_s	二级边坡稳定安全系数	边坡稳定性评价
1#	圆弧滑动面简化毕肖普法	永久边坡一般工况	0.551	1.30	不稳定
2#			0.915		
3#			0.824		
4#			0.855		

（四）岩土工程施工技术要点

1. 抗滑桩施工准备

做好施工准备对提高成桩质量和加快施工速度有积极作用，抗滑桩施工准备事项包括以下几点。

科学选材，如水泥的标号、钢筋的型号、砂的细度等，都是选材时必须考虑的内容。材料经检查合格后进场，做好妥善保存，避免水泥受潮、钢筋锈蚀。

制备泥浆。抗滑桩的桩身采用C30混凝土浇筑而成。因此，要现场确定配合比，并提前制作泥浆。通过制作试件的方式，确定混凝土试件的强度达标后，再按照该配合比批量化生产。

做好现场施工场地的整平处理，为下一步桩孔开挖创设良好条件。

2. 桩孔开挖与处理

在制备泥浆的同时，在场地表面进行测量放线，参考设计图纸标记出各个桩位点。从1#桩位上开始钻孔，钻机就位后，调整钻孔与桩位点垂直、对齐。然后，操作人员设定钻机运行参数，开始进行挖孔。结合地质勘察资料，若钻孔所在位置地下水位较高，钻孔前要做降水处理，保证成孔效果。钻孔达到标高后，拔出钻头，检查成孔质量，没有孔壁开裂、孔身偏斜的问题后，进行清孔。完成 $1^{\#}$ 桩孔开挖后，要间隔 2~3 个孔再进行开挖。钻孔产生的弃渣要使用运输车运送至指定的堆放点，避免水土流失诱发次生危害。

3. 钢筋笼的制作与放置

钢筋经检查不存在锈蚀等问题后，按照设计方案现场裁切钢筋，并采用机械连接或者双面搭接焊的方式，制作成钢筋笼。注意竖筋的搭接处不得放在岩层面和滑动面处，使用吊车将焊接完成的钢筋笼吊起，垂直于钻孔向下放置，直至到达钻孔底部。每个钻孔都需要放置 2~5 节不等的钢筋笼，注意做好连接与固定。

4. 混凝土的灌注

每次浇筑前应确保灌浆机内储存的混凝土满足单桩连续灌注的需要，避免因为混凝土储备不足导致浇筑中断进而影响成桩效果的情况。若孔底存在积水，在积水深度不超过 100mm 的情况下，可选择干法灌注；若水深超过 100mm，则应采取降水处理后再进行灌注。采用泵送方式灌注，将泵送管道从钢筋笼的间隙自上而下插入，至孔底上方 1m 处，然后连续注浆。在这期间应注意做到一边浇注、一边拔管、一边振捣。单孔灌注完毕后，也要采取间隔灌注的方式，避免连续灌注产生的土体挤压导致桩身变形。现场浇筑应安排专门的监管人员，密切观察孔桩周边及地表情况，如有异常尽快中止施工并迅速撤离。

5. 成桩质量检测

抗滑桩施工完毕后，还要开展成桩质量检测，若检测结果不达标，必须采取相应处理措施，检测内容包括桩身垂直度检测、桩身完整度检测、桩体承载力检测等。以桩体完整性检测为例，使用声波透射法进行无损检测，如果桩体内部有孔洞、裂纹，声波会发生改变，从而根据接收的声波信号判断有无裂缝以及裂缝的位置、大小。若质量检测结果表明影响桩的正常使用，则需要采取加固措施，或者视作废桩重新开孔、灌注。

（五）岩土工程边坡变形监测

1. 监测内容及监测周期

开展边坡变形监测，既是为了保障岩土工程自身的安全，又有利于维护周边建筑物、道路的安全。因此，在施工开始后就要同步开展监测工作，并根据监测结果采取对应的措施。监测内容包括：坡顶水平 / 垂直位移、地面沉降、坡顶建筑物变形、锚索内力变化五项。在边坡施工初期，将监测装置分别安装到各个监测点后，每天采集一次监测信息。

另外，结合前期的地质勘察资料，在一些地质环境较为复杂、周围构筑物较多的地方，可适当增加监测频率。遇到暴雨等恶劣天气后，也要适当提高监测频率，确保有异常情况第一时间发现。若边坡出现险情，则监测频率应当 >3 次 /d。在边坡支护完成后，监测工作还要继续进行，持续两年，并且保证每个月至少采集一次监测信息。

2. 监测报警值

结合《岩土工程监测规范》（YST 5229—2019）有关要求以及岩土工程现场的地质条

件，确定边坡支挡结构的最大允许值，该值同时也是监测报警值。若监测设备采集到的参数超出该值，则会触发报警程序，进行报警，提醒岩土工程管理人员及时采取应对措施，监测报警值的设计标准见表 5–4。

表 5–4　监测报警值

监测项目	变形累计值（mm）	变化速率（mm/d）
坡顶水平位移	40	5
坡顶竖向位移	30	3
坡顶建筑物水平位移	25	3
坡顶建筑物沉降	15	2
坡顶建筑物倾斜	0.2%H（H为建筑高度）	连续 3 天大于 0.00008
地表沉降	25	3
锚索内力	0.75F（F为锚索设计承载力）	—

3. 监测方法及要求

为进一步提高边坡变形监测的规范性、有效性，在实施监测作业时还应注意以下事项。

在设计完毕、施工前，就要参考设计图纸确定观测点，并将监测设备提前安置，将整个边坡施工全部纳入监测范畴；

进行坡顶位移监测时，应设置不少于 3 个观测点的观测网，分别用于监测位移量、移动速度和移动方向；

抗滑桩施工完毕，要进行桩身质量检测。采用无损检测技术，检测桩身内部有无孔洞、裂纹。边坡的监测频率，监测点埋设后开始监测，施工期间每天对其进行监测，遇暴雨、降雨及变形过大时，应加大监测频率，见表 5–5。

表 5–5　监测频次

时间	施工期间（d/次）	施工完成
旱季和少雨季节	2	施工完成后，交由第三方进行长期监测
雨季	1	

（六）岩土工程勘察设计与施工一体化模式的保障措施

创新管理思维，管理人员熟悉一体化模式。勘察、设计与施工一体化在实现资源优化配置、加快工程建设进度等方面的应用优势不言而喻，但是目前还有一些企业缺乏合作共赢的意识。要创新管理思维，顺应土建行业的发展趋势，尤其是企业的管理层，要主动去了解勘察、设计与施工一体化模式的运行流程、操作要点、管理要求等一系列内容。在熟悉这一模式的基础上，自上而下地将这一模式在企业内部推广开来。让勘察人员、设计人员、施工人员，都能对这一模式的意义、内容等有所了解，进而在岩土工程建设中将该模式落实下去。建议企业将一体化模式的应用效果纳入管理人员考核中，通过提供培训、定期考评，督促管理层、一线职工自觉应用勘察、设计与施工一体化模式。

完善配套制度，为一体化模式应用创设良好环境。从技术层面上来看，我国岩土工程勘察、设计、施工的一体化模式在应用中积累了比较丰富的经验，技术成熟度较高。但是配套的制度、标准发展较为滞后，在一定程度上制约了这一模式的推广和发展。下一步，政府相关部门或行业有关协会，要基于勘察设计与施工一体化模式的技术特点、工作衔接等方面，尽快出台与之相配套的规章制度、行业准则，为该模式应用价值的发挥创设良好的外部环境。例如，要明确划分勘察、设计、施工三方主体责任，加强相互之间的信息交流，通过破除部门之间的信息壁垒，让各项工作的前后衔接更加紧密，过渡更加自然，在岩土工程建设中不留质量隐患。

引进信息技术，依托 BIM 和 3S 技术实现一体化管理。信息技术在土建行业的融合应用，是实现勘察、设计与施工一体化的关键因素。例如，3S 技术中的 RS（遥感）和 GPS（全球定位系统）能够帮助勘察人员快速、全面、精确地了解野外工程所在区域的岩土条件、地表植被等信息。对于勘察所得信息，由地面接收站收到信号后，传输到计算机上，然后利用计算机上的 GIS（地理信息系统）或 BIM（建筑信息模型）等应用软件，将二进制数据转化成二维平面图纸或三维立体模型，为设计人员开展岩土工程设计提供辅助。设计人员进行简单修改后，自动出图或参考立体模型，为岩土工程现场施工提供必要的参考，对提高施工质量有积极作用。在信息技术的支持下，实现了从勘察到设计，再到施工的一体化。

在岩土工程建设中，勘察是设计的前提，设计为施工提供依据，三者之间联系密切。推行勘察、设计与施工的一体化模式，将有助于实现企业现有资源的合理配置，做好工程建设各个环节的前后衔接，无论是对于工程质量的提升，还是成本、进度的控制，均能起到积极作用。在岩土工程项目中，除了要熟练掌握勘察、设计、施工等环节的技术要点，还要从制度层面、技术层面提供必要的保障措施，确保一体化模式得以顺利实施，保证岩土工程顺利建设完成。

第三节 等级划分的重要性

遵循相应的分级标准，进行岩土工程勘察工作。譬如，勘察等级、地基复杂程度等级、拟建物安全等级、重要性等级等。这些直接决定了勘察工作量的布置，只有在充分熟悉掌握各等级，才能实现安全、经济、合理的局面。检验与监测所获取的资料，可以反求出某些工程技术参数，并以此为依据及时修正设计，使之在技术和经济方面优化。

在符合规范的前提下，采取较为经济的勘察手段和工作量，实现岩土工程勘察目标和任务。在一定程度上来说，成本量反映技术水平的优劣。鉴于岩土工程勘察现状，节约成本在一定范围内是可行的。譬如，对“桩基础一般性孔深入到桩端以下 3~5 倍的桩径，且大于 3m，对大直径桩不小于 5m”的要求，如勘察方案布置的一般性孔为 50 m，根据控制性孔资料，40m 处分布有良好的桩端持力层且能满足桩基设计的要求，项目负责人现场可将 50m 的一般性勘探孔变更为 45m（须上报审批的项目，按要求执行）。这样，可在一定程度上节约工作量，实现经济效益。譬如，土工试验项目的选取是实现经济勘察的重要途径。

一、岩土工程勘察项目工作分解结构

岩土工程勘察项目的工作结构分解的建立是进行质量控制的基础，是岩土工程勘察项目后期开展范围管理、全方位管理、全要素管理、全周期管理和项目层次分析、模糊评价等工作的前提。这里首先对岩土工程勘察工作领域与内容进行了分析，然后借助工作分解结构（WBS）方法对当前岩土工程勘察工作进行分解，组建以工作包为最小单元的项目树状结构，这不但给岩土工程勘察工作精细化、规范化、程序化提供了依据，也为岩土工程勘察项目管理结构化提供了重要支撑。

（一）工作范围

岩土工程勘察工作范围是指在符合工程各方面要求的前提下，为顺利完成勘察任务并达到预期的结果，而需要进行的所有的工作内容，是大多数工程建设项目必须进行的前期工作，但是岩土工程勘察工作范围所包括的具体工作，一般会根据建设工程项目的不同而发生变化，所以没有一个具体详细且明确的界定。根据《岩土工程勘察规范》内容规定，岩土工程勘察工作划分为可行性研究勘察、初步勘察、详细勘察三个主要阶段，根据工程需要还需进行检验与监测，具体流程见表 5–6。

表 5–6　岩土工程勘察各阶段勘察工作

<table>
<tr><th colspan="2">单位</th><th colspan="4">工程建设阶段</th></tr>
<tr><td>参与单位</td><td>立项阶段</td><td colspan="2">勘察设计</td><td>工程实施</td><td>竣工验收</td></tr>
<tr><td>岩土工程</td><td>可行性</td><td rowspan="2">初步勘察</td><td rowspan="2">详细勘察</td><td rowspan="2">施工勘察</td><td rowspan="2">参与验收</td></tr>
<tr><td>勘察单位</td><td>研究勘察</td></tr>
</table>

通过上述分析，岩土工程勘察工作又具有广义和狭义之分的区别，从广义角度出发，岩土工程勘察工作贯穿于工程建设完整的生命周期之内，在建设工程各阶段工作内容的重心在不断产生变化。从狭义角度考虑，岩土工程勘察工作范围只包括岩土工程勘察这一环节的内容。鉴于各种工程建设的程序化、工程建设的重要性、岩土工程勘察进行质量管理的可行性等多方面考虑，本书从狭义的角度去分析，也就是将岩土工程勘察定义为勘察这一阶段的工作。

（二）工作流程

岩土工程勘察工作流程是指岩土工程勘察工作中依据步骤、程序所要完成的工作环节，具体包括两方面的内容：勘察工作和勘察工作与工程建设每个阶段的相互影响关系。岩土工程勘察作为一项庞大的系统工程，从各个层面来分析工作流程是不一样的，本文主要分析岩土工程勘察工作具体实施的工作流程。

岩土勘察工作主要是由勘察单位来完成的，虽然勘察单位是该工程阶段绝对的主要力量，承担着主要的岩土勘察任务，然而里面部分必不可少的重要工作任务必须在有关部门的积极协助下才可以成功解决，不然其有关的岩土勘察工作将很难持续进行，以便认知与分析，论文从岩土工程勘察任务的实际完成方勘察单位层面进行探讨，把岩土工程勘察工作分为外部工作和内部工作，工作流程与其相对应。

外部工作主要内容是关于岩土工程勘察单位与建设单位及政府或者第三方的监督管理机构的交流协商并达成共识的全部活动行为。在获得以上部门的同意后，勘察单位的详细勘察工作才可以继续推进直至成功完成。外部工作主要内容是关于勘察单位按照建设单位或设计单位的委托要求，围绕勘察设计任务所完成的可行性研究勘察、初步勘察、详细勘察等各项专业性具体工作，即勘察工作流程，其中初步勘察与详细勘察都属于勘察工作，共同为工程设计获取相关材料，虽然两个环节在详细的工作范畴上有所差异，但两个环节的工作流程大致一样（图 5–2）。

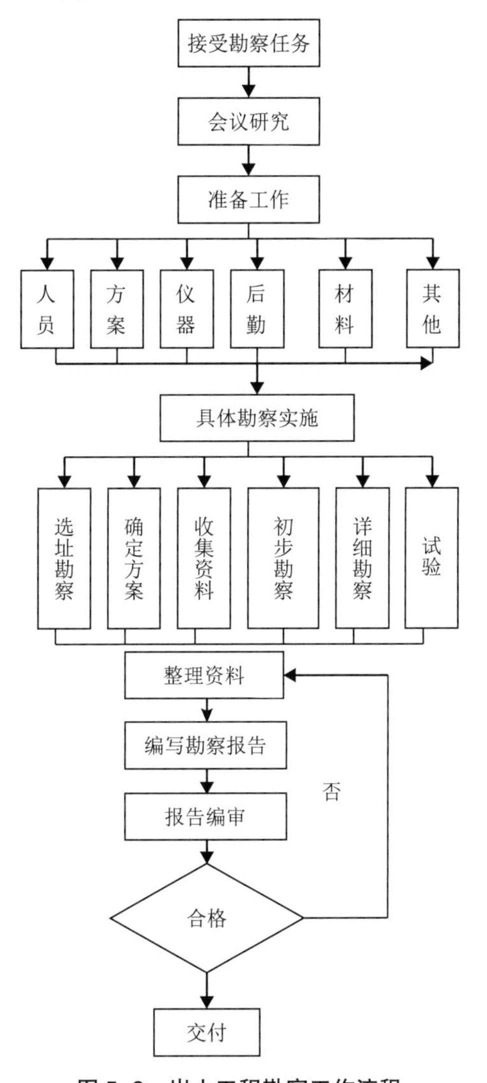

图 5–2　岩土工程勘察工作流程

（三）主要工作内容

勘察是设计的前提依据，是保证各项工程建设的基础，是合理节约成本控制投资的有效手段。为了满足工程建设各方面要求，岩土工程勘察基本上需要进行可行性研究勘察、初步勘察、详细勘察三个步骤。

1. 可行性研究勘察

可行性研究勘察也称为选址勘察，主要服务于项目可行性研究阶段，其目的是要突出在可行性研究时勘察工作的重要性，特别是对大型工程来说尤为重要。该阶段的主要任务是对拟选场地的岩土体稳定性和适宜性做出岩土工程评价，进行技术手段、勘察方案、经济投资的论证评比，满足施工建设场地的需求。本阶段会对多个可供选择的场址方案进行勘察，对各场地的主要岩土工程问题做出说明、评价，从而阐述各个选址方案的优缺点，评比出最优的工程建设场地。本阶段的勘察方法是在搜集、查阅、分析已有资料的基础上进行现场的踏勘，当现有的资料不够充分时，则需要进行测绘和必要的勘探工作。

2. 初步勘察

初步勘察是在满足工程初步设计的需求下进行的活动，主要目的就是在可行性研究的基础上，对工程建设场地内主要建设地段的岩土工程稳定性做出相应的评价。进一步确定工程建设的施工总平面图布置，对场地内主要建筑物或构筑物岩土工程方案和不良的地质情况进行方案设计并加以论证，从而达到初步设计要求，为进一步扩大设计进行详细勘察完成前期准备工作。本环节在充分研究现有工程材料后，依据工程要求实施有关的工程地质测绘工作，并进一步进行勘探与取样、原位测试与实验等工作。

3. 详细勘察

详细勘察的任务是对工程场地内岩土工程设计、岩土体稳定性、不良地质作用的处理防治工作进行分析研究，从而达到施工图的设计要求。该工程阶段需要按照不同的建筑物和构筑物提供详细岩土工程技术参数，所要求的技术成果精准可靠，许多工作需要结合大量计算去实现。本阶段的主要工作方法以勘探和原位测试为主，为了后续与施工监理对接进行技术交底，此阶段需要适当地进行部分监测工作。

（四）岩土工程勘察工作分解

岩土工程勘察是存在于工程项目的整个生命周期，涉及多个专业、多个阶段，结合不同的项目跨越的区域较大，是一项复杂、系统、精细的工作。

1. 分解原则

为了确保工作分解结果的适用性和高效性，保证后续工作的顺利进行，在对岩土工程勘察工作进行项目分解时需要遵循以下原则。

（1）全面性原则

全面性原则就是在进行工作分解时需要包含整个工程项目的所有工作，在工作层级纵向划分时包含所有工作阶段，在每个工作阶段横向划分时又包含该阶段的所有工作内容，避免工作的遗漏，保证工作完整性。

（2）适度性原则

适度性原则是指在对岩土工程勘察项目进行分解时要合理，有效把握工作的管理成本与难易程度间的平衡，在较小的管理成本下，有效地降低工作难度，从而使工作顺利地完成。

（3）独特性、唯一性原则

每个分解元素都表示一个相对独立的有形或者无形的可交付技术单元，每个元素都具有唯一性，这就避免了重复任务的出现，并且经过分解之后的技术单元要能够分配给单独的项目成员或者一个技术团队来完成，否则将要考虑进行进一步的工作分解。

2. 分解方法

岩土工程勘察工作具有极强的专业性，同时具有阶段性和全面性，对该工作进行分解也比较复杂。为了使岩土工程勘察工作分解结构清晰明了、逻辑合理，而且符合全面性要求，覆盖所有工作内容，现从项目、工作环境、阶段、内容四个方面进行分解：

确定将要进行的是岩土工程勘察项目；

根据工作环境将项目进行分类；

根据勘察阶段进行分类；

根据工作环境进行分类。

（五）勘察工作的分解结构分析

根据岩土工程勘察项目的工作范围与内容能够发现，岩土工程勘察工作具有全面性和阶段性的特点，不同阶段的工作不是单独存在而是前后连贯的，系统分析岩土工程勘察工作的全面性、阶段性、专业性等几个方面，将其工作进行如下分解。

岩土工程勘察项目，这是第一级，明确其项目性质类别，表示接下来需要进行的相关工作的种类，是对工作的定性。

内业与外业，这是第二级，将岩土工程勘察项目先进行外业与内业的基本分解，外业主要从事野外作业，内业主要负责搜集整理资料、室内试验等。

勘察工作，这是第三级，勘察工作分为可行性研究勘察、初步勘察、详细勘察。

工作内容细分。这是第四级，根据需要进行的具体工作内容进行分解，具体分解为搜集资料、测绘、勘探、编制勘察纲要、物探、原位测试、室内试验、编制勘察报告等模块，如图 5-3 所示。

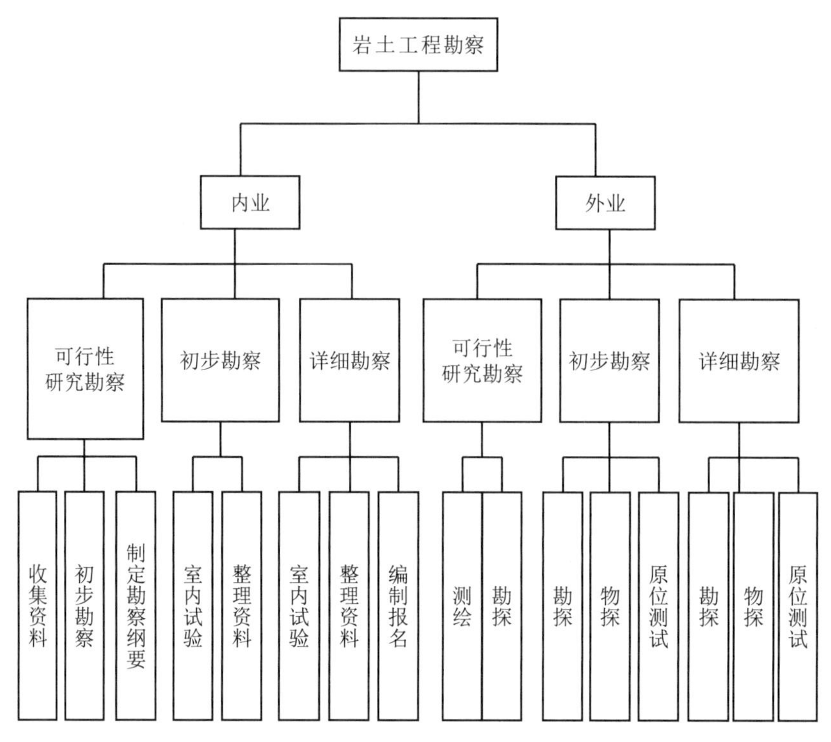

图 5–3　岩土工程勘察工作分解结构

二、三阶段控制原理下的有效措施

施工项目质量的三阶段控制原理的核心内容就是对项目进行事前质量控制、事中质量控制、事后质量控制。三阶段控制是一种全员参与质量管理活动的方法，本书利用三阶段控制原理结合影响施工质量的五大因素 4M1E“人、材料、机械、方法、环境”以及前文分析的岩土工程勘察质量控制要点进行事前、事中、事后质量管理控制，保证对勘察工作 5 个主要质量影响因素进行了全方位、全角度、全层次的分析，还结合岩土工程勘察工作的特点对控制要点进行了阐述。三阶段控制原理做到了全过程、全体员工的参与，将三阶段控制原理应用到岩土工程勘察项目中具有鲜明的阶段性、广泛性、重点性、科学性等优点，能够真正在提高岩土工程勘察的质量中找到最佳方法，保证勘察工作持续高效地进行。

（一）事前控制阶段

正所谓“凡事预则立，不预则废”，准备工作是进行质量管理的前提基础。事前质量控制阶段就是在正式施工前进行质量控制，控制的重点就是要做好准备工作，而且准备工作应考虑到是贯穿于工程建设项目的整个生命周期。

在事前质量控制阶段要确定工程项目的管理者，因为整个项目的工程质量由项目经理和总工程师全权负责，优先选用经验丰富的、责任心强的技术施工人员，他们是勘察过程中的具体实施人员，开工前对相关人员进行安全教育培训方能上岗，对于特殊设备操作人员还要检验相关证件是否符合要求。

机械设备首先应从源头控制，从其采购环节控制其质量，要依据工程项目的特点采购租赁有关的机械设备，本着安全性高、效率高、稳定性高、适用性高、价格合理的原则采购机械设备。所有机械设备进场前必须进行验收，而且要调试合格，确保机械设备的质量，以便符合工程建设标准。

材料包括工程材料和施工用料，分为原材料、半成品、成品、构配件等。在事前质量控制阶段要对相关材料进行严格选购，通过有关实验方法对材料质量进行检测，合格后方可入场使用。

施工方法包括施工的技术方案和技术措施等。施工方法能否正确选择，施工技术水平的高低、施工工序是否合理，是决定工程质量的关键因素。在事前质量控制阶段勘察单位就要经过技术部门研究、专家论证后确定基本技术方案，然后对关键性的工作进行必要的测试和试验，从而确保后续勘察工作的顺利进行。

充分了解当地一年四季的天气情况，主要包括施工场地的天气等自然环境因素，现场及周边的施工作业环境。环境对工程质量的影响具有复杂多变和不确定性，特别是在工程项目进行勘察的过程中可能经历各种各样的气候条件，这种情况是无法避免的，这就要求在进行勘察工作前做好充分准备工作。结合工程进度的安排合理选择工作时段，施工场地要做好交通运输道路的通畅以及能源供应和现场施工照明和安全防护等，保证工作，让工作在规定期限内高效率地完成。

（二）事中控制阶段

事中质量控制是指在施工进行过程中的质量控制，对生产过程中各质量影响因素进行的控制活动，特别是对人的因素进行相关制度、法规下的行为约束，进一步达到全面控制施工过程的要求。

事中质量控制阶段要定期对在岗人员根据岗位职责进行培训，时间跨度以两周一次培训为宜，强化质量意识，监督检查各管理施工人员的执行情况，如有必要则进行人员的辞退更换。

定期对设备进行检查、保养和维护，避免因为仪器设备问题造成对工程质量的影响，对所有重要机械设备要责任到人，实施定机、定岗、定人的“三定”措施，保证出现任何关于机械设备的问题第一时间找到责任人。

对材料进行相关管理检测，避免施工材料因为受热、受潮、过期而导致质量改变，必要时通过实验等手段对材料质量进行检测。技术人员要不定期地监督检查、自检、互检，察看工程项目进行过程中是否按照既定技术方案进行，施工手段是否符合技术标准，如有不妥之处应及时指出纠正，如果发生既定技术方案不能解决的技术问题，应及时上报技术部门进行调整。

根据自然环境和周边环境的变化应及时调整工程勘察工序、技术与方法，保证施工场地不受环境的影响，也保证施工不影响周边的环境（自然环境及周边建筑等）或者将影响程度降低到标准范围内。

（三）事后控制阶段

事后质量控制是指对于单位工程和整个工程项目作业活动的事后评价，进一步总结经验教训，取其精华、去其糟粕，本阶段控制的重点主要在于勘察结果的评价控制，在不断总结中提高岩土工程勘察的施工质量。

事后质量控制阶段对于表现优秀的管理者和员工根据进行符合标准奖励，并对人员信息做好相关记录，下次工程项目开工实施时优先考虑雇用。要对材料使用数量、合格证明、技术参数指标、检验文件等有关资料进行整理存档。对租赁的设备及时返还，购买的设备做好入库保管工作。对技术方案实施过程中遇到的问题积极总结经验，并记录解决问题的针对性措施，整理好相关资料存档，便于后续工程的借鉴使用。勘察完成后的场地如有必要做好复原工作，确保不影响后续施工的进行。综合参考各项勘察工作的技术指标与试验结果，仔细研究给出准确的勘察结果。

三、岩土工程勘察工作中的土工试验

岩土工程是关于岩石和土的各类建设工程的总称，为土木工程重要分支，涵盖基础工程、地下工程、工程地质学、土力学、岩石力学等多学科。岩石与土的性质对岩土工程影响甚大，为了确保工程开展顺利以及质量达标，工程实施前预先对场地及周围岩土进行勘察十分必要。土工试验是指对岩土工程性质进行测试，包括岩土的矿物质成分、物理性质、化学性质、力学性质等，以获取相关指标，为工程设计与施工提供可靠参数，是岩土工程勘察工作的重要内容。土工试验分为原位测试与室内测试两类，通常是取地基土壤进行室内测试，测试项目众多，除物理性指标、力学性指标等常规试验以外，还包括渗透试验、固结系数、烧灼失重专门试验，需要根据工程建设需要实际而定，当地基土壤取样困难或不宜行室内试验时，则于勘察现场进行原位试验。

（一）试样制备

现阶段，我国从事岩土工程勘察工作的企业众多，市场竞争激烈，在利益的驱使下，存在工程勘察质量降低的问题，个别企业为了降低成本，使用质量不达标的土样样品进行土工试验，有违职业道德与相关管理规范，有待加强质量监管。

1. 试样制备原则

试样制备是土工试验的首要环节与重要准备阶段，确保试样质量达标是有效进行土工试验的前提和关键，实际工作中应遵循以下原则。

严格划分土样级别，将地基土样运送回土工实验室后，首先需要检查土样质量，并采用外观检查、X 线检查、回收率测定、室内试验等方法评价土样质量。根据扰动指数，土样被划分为Ⅰ～Ⅳ四个级别，不同级别的土样适合不同的检测项目，在实际试验操作中需要严格遵照《土工试验方法标准》(GB/T 50123—2019)选用土样。例如，Ⅰ级试样无扰动，甲级岩土工程进行土工试验必须采用此等级土样，强度与固结试验可采用轻微扰动的Ⅱ级土样，Ⅲ级土样适合含水量测试，Ⅳ级土样只能进行土类定名。

严格按照制备要求制样，室内土工试验通常以环刀切取6组试验样品，取样操作的规范性直接影响土样的级别。

2. 试样制备注意事项

为了防止土样级别降低，室内制样操作需要注意以下四点：

切样前环内涂抹薄层凡士林油，以减少摩擦，防止扰动土样压密；

切样时务必垂直下刀，防止偏向受压使压力点对侧土样与环刀间出现缝隙，会导致土壤参数失真；

环刀边压边削，防止摩擦过大，造成土样下部压密增加；

以钢丝锯或切土刀平整压入环刀后上下端的软土，防止二次扰动。做好开样记录，准确且详细地描述土样性状及相关参数，便于日后比对与综合分析。

(二)土工试验内容与方法

1. 含水率试验

含水率是土工试验常规检测内容，但不同土壤层含水量存在差异，加之取样扰动、运输与存放保护不当、取土器挤压、实验室操作不当等，会造成土样含水率变化，对此需要注意以下两点。

不同取样点位置和取土器内不同部位的土样含水量均存在差别，特别是对于粉质含量较高的土样，以此进行含水量测试，需要从取土器的上、中、下三部分的不同位置进行多点取样，并充分混匀，以作为含水量试验样品进行测试。

铝盒烘干时是否开口以及烘干的温度和时间也会影响土样含水率，烘干时应开口以利于水分蒸发，同时要根据土样成分的不同选择适宜的温湿度。例如，黏粒含量高的土类需要以110℃持续烘干8h以上，含有机质的土应以70℃持续烘至恒定重量。实际含水率试验中，切不可为了省时省工，将所有类型的土壤以相同参数进行烘干，另外，试验需进行平行测定，以确保试验结果的准确性。

2. 土粒比重试验

土粒比重也称土粒相对密度，是土粒质量与同体积4℃纯蒸馏水的重量之比，也是土工试验常规测定物理指标。

由于结合水、土粒间胶质物固化等因素影响，准确计算土粒比重较为困难，平行试验时通常允许有平行差值0.02的误差，加强试验操作的规范性，尽量提高土粒比重计算精准度十分必要。实践证实，土粒比重与土颗粒的粒径呈负相关性，粒径越大，比重越小，而且土粒比重无量纲数据，因此可以基于数理统计学理论，构建土粒比重与塑性指数相关关系。但是这种关系的构建具有经验性，需要依据大量土粒比重试验结果，而且一般只适合采样区域。其他区域的土壤可能与采样区域有着鲜明的特性差异，不一定适用，尤其注意不能在一个根本没进行过土粒比重试验的区域盲目套用其他区域的土粒比重与塑性指数相关关系，这是缺乏科学性与可行性的。

3. 颗粒分析

试验颗粒分析可以用于土体定名并明确各粒组占土样总质量的百分比，对于判别土壤液化、修正粉土承载力等具有重要意义，也是室内土工试验的重要检测内容。对于粒径不超过 75 μm 的土样，颗粒分析适宜采用密度计法，此法测定结果虽较为精准，但操作起来比较烦琐，导致有些岩土工程勘察企业不重视甚至忽视颗粒分析。

根据相关规范，塑性指数不超过 10 同时粒径超过 75 μm 以上的颗粒质量占比不大于 50% 的土为粉土，但实际工作中，仍存在仅按照塑性指数而不考虑颗粒分析结果来判定粉土的情况，这必然会造成一定的误差。目前，以密度计法进行颗粒分析，采用斯托克公式来计算土粒粒径，该公式采用雷诺数判定流层，而雷诺指数与试验悬液温度存在相关性，一旦悬液温度过高引起雷诺指数超过 0.5 时，则不再适用于斯托克公式，因此以此进行颗粒试验分析需要合理控制悬液温度，一般在 24~26℃，不应超过 28℃。

另外，应用斯托克公式时没有考虑颗粒形状对黏粒含量的影响，试验所用的土粒通常形状欠规则，下降阻力大，沉降速度慢，会使得实测速度偏大，黏粒含量偏高。对此，以此进行颗粒分析试验时，可经验性的修正实验数据。有研究将修正颗粒系数与干涉沉降修正系数引入斯托克公式中，通过在一次颗粒分析试验中对比基于原斯托克公式与修订后期托克公式获取的颗粒分析试验结果，如表 5–7 所示。根据测试数据，发现基于修订后公式计算的结构整体偏低，而且两公式计算黏粒量高的土样结果值相差也较大。

表 5–7　基于不同土粒粒径计算公式的颗粒分析结果

土样	公式	不同粒径颗粒（μm）			土名
		＜5	5~75	75~250	
1 号	斯托克公式	68.0	31.7	0.3	黏土
	修正公式	64.9	34.8	0.3	
2 号	斯托克公式	33.3	56.3	10.4	黏土
	修正公式	32.0	57.1	10.9	
3 号	斯托克公式	18.7	67.0	14.3	粉质黏土
	修正公式	18.4	66.5	15.1	
4 号	斯托克公式	2.4	21.1	76.5	粉砂
	修正公式	2.3	20.8	76.9	

4. 固结试验

固结试验是在侧限条件下加压测定饱和黏性土试样压缩系数、模量与固结系数的试验，是土工试验中重要的力学试验，对计算地基土沉降和判断土体固结特性具有重要意义。影响固结试验准确性的因素众多，包括仪器性能、环刀限位、透水石含水量、活动轴杆量程等，为了确保试验结果的准确性，测试时需要注意以下几点。

固结试验所用仪器精度较高，频繁拆卸、滤纸规格改变、使用磨损等因素会造成仪器误差，有必要定期进行校准，以确保测试结果的准确性。

透水石含水量变化会造成土体固结改变，含水量较大时会出现前后级荷载百分表读数差别，含水量过小会加速土样水收缩，引起压缩过量，建议控制透水石含量，使之接近土壤天然含水量。

固结试验相关仪器在使用前必须严格归零，使环刀紧密接触滤纸，有效放入规定限位，防止归位不当引起试样仪器外径变化，造成压缩偏大引起一定误差。

确保活动轴杆在百分表归零时量程足够，以有效对抗压缩变形量，防止试验失真。

土工试验是岩土工程勘察工作的重要内容，其检测结果的准确性直接关系到岩土工程建设的质量和安全，需引起高度重视。土工试验项目众多，试验结果的准确性与试样的质量等级、土样的制备、试验方法本身的局限性以及人为因素等有关，重视土样试验中容易出现问题的操作环节，通过有效管理和技术监督，加强对试验操作过程的质量控制，同时基于试验相关理论特点和地区实际对试验结果进行整理分析，可以提高土工试验质量，使测试数据更加合理真实，从而更好地服务岩土工程的设计与施工，推进建设工作顺利开展。

第六章　岩土工程勘察的施工

第一节　勘察方法的选择

一、复合地基的处理

在开展岩土工程勘察工作过程中，必须首先对岩土状况进行全面的勘察，而且勘察工作的水平高低与整体工程质量有着密切联系。所以，在进行岩土工程勘察工作期间，一定要对地基部分开展科学高效的处理，以更好地提高整体工程。

（一）地基的稳定性与岩土勘察之间的关系

在进行岩土工程勘察工作过程中，地基稳定性的高低对工程质量有着很大影响。对地基的稳定性进行检测时，一般使用地基失效验算的方式，在进行施工设计工作时要以计算得出的这些数据为根据。设计期间，设计工作者一般会使用等效分层总和的方法进行验算评估工作。一般条件下，地基所发生的变形都为压缩变形，但工作人员必须给予其高度重视，这样才能保证整个施工过程的顺利和施工质量。为很好地保证地基的稳定性，所使用的设计方案一般是利用柱荷载下方的十字交叉基础来设置成一个单向连续型基础。如果该地区的地基均匀性差，就需要深入探究倾斜、差异沉降产生的原因，还要做好稳定性计算。

（二）地基的均匀性与岩土勘察的关系

在施工过程中，设计工作者及施工人员最重视的问题是地基的下层状况和岩土状况，若设计的施工方案不恰当则会使地基产生差异沉降、起伏以及最普遍的不均匀问题。因此，在进行岩土勘察工作时，必须对地基的均匀性做出最客观准确的评估。这样才能最真切地体现地下深层的地质状况，保证后续施工的顺利进行并提高整体工程质量。

（三）常见地基处理技术分析

1. 土工合成材料地基的处理方法

在岩土工程施工中一般要使用土工聚合物（一种合成材料），并且该材料的应用范围越来越广。它的显著优势是质轻、操作简捷、整体连续性强，一般适用于岩土工程的反滤、隔离、加固和排水部分。在处理这种地基时，一般是在边坡位置或者是较软的地基部分安装土工和还曾材料，以使土地变为复合土地，实现增强软弱土基承载力的目标。土工合成材料由于具有耐腐蚀性、抗拉强度好、重量小、渗透性好等优点，故比砂石垫层法更能节约大量材料、费用。土工合成材料在下列工作中有着广泛的应用：对软弱地基进行加固，能够使土体快速固结。或者应用于道路的加强层，防止路基产生下沉和翻浆的情况。用在挡土墙加固中，能够有效预防河道、海岸护坡被冲毁等。

2. 砂石垫层处理法

砂石垫层法的工作步骤是彻底除去地面下方某一区域的软弱土，并把基础底面压实，最后使用无腐蚀性并且高级配的砂石来分层夯实基础面，该部分便会变成地基持力层，最终大大增加地基的承载力。通常情况下，地基的沉降量多为浅层沉降量，但进行夯实工作时必须要有较大厚度的置换层来提供保障。由于砂石垫层属于持力层，所以它会迅速发生扩散，这会使垫层下部的天然土压力降低。

同时，由于砂石垫层的透水性较好，能够让基底下的孔隙水压力迅速消去，最终起到提高饱和土抗剪强度的作用，防止了塑性破坏事件的发生。必须严格进行最后的竣工验收工作，尤其要反复检查垫层的密实度。还要保证回填的砂石材料有较高的含水率，并在基坑内部开展分层夯实工作，这样能有效提高地基的均匀性。在对砂石垫层的施工质量进行验收时，通常使用环刀取样法和钢筋贯入法结合的方式。该方法不需要很多设备且成本低、操作简捷，所以应用范围很广。

3. 强夯技术的应用

地基进行加固的常用方法是强夯法。现如今，强夯法在我国的应用范围已经很广了，但仍在以良好的势头发展着，并且在碎石土、高回填土及黄土的地基加固中所用最为频繁。此外，强夯法还能够防止粉质黏土或粉砂液化。然而，软土、饱和粉土及含水率较大的回填土等地基，由于其夯位较难控制，夯基沉降量大，所以工作时的难度较大。在强夯法的施工中一定要把握好以下这点：一定要科学地制定设计施工的各种技术参数，例如，夯击的次数、最适宜的夯击能和单点最适夯击能和加固的区域。总结多次实际施工不难发现，该方法进行时需要的设备数量很少并且操作简单，投入资金少，在软质岩土中的加固作用也很显著，是非常有效的地基加固方式。但是，在进行市区岩土地基处理工作时，必须使用最合适的强夯方式，避免对附近建筑物产生不良影响。

4. 夯实水泥土桩地基的处理方法

以夯实灰土挤密桩为基础创新、发展起来的一种新型复合地基，称为夯实水泥土桩地基。该施工技术的具体操作如下：先用小型成孔机成孔，然后用少许的水泥和土混在一起搅拌均匀，再将其分层填入孔内夯实，使其成为水泥土桩，借助水泥具有的胶凝作用，便可以使桩体的整体强度增加。这种处理方式能够使地基的承载力大大增强，并且成桩使用的灰土桩施工机和工作方式都很简捷，花费的时间短且成本很低，特别适合用于地下水位上、含水率范围在 12%~23% 的湿陷黄土或新填土类型的软弱地基，能取得较好的经济与技术效果。

5. 水泥粉煤灰碎石桩处理法

水泥粉煤灰碎石桩也就是 CFC，是受到沉管碎石桩的启发而发展出来的新型软弱地基处理工艺。它的具体工作步骤为：把一定量的粉煤灰、石屑和水泥填入沉管碎石内，然后添加适量的水搅拌之后形成桩体，通过粉煤灰和水泥的胶凝作用后，桩体的整体强度便会增加。但 CFC 桩和碎石桩是有差异的，它是将柔性砂石桩和刚性混凝土桩结合起来的，虽然强度不是太大，但却能最大程度地利用桩体间的承载力，然后将该荷载传递到深层地基内。完成该工作后产生的复合地基的承载力比天然地基大很多，此外，软土地基的承载力也会随之提高。一般情况下，这种桩体的直径在 400mm 上下，长度在 15m 上下。这种桩的具体施工过程与沉管碎石桩的施工过程相比没有很大的差异，只是添加了一个搅拌环节而已。操作简捷、工艺性强、易把握质量、成本低、水泥耗费量少是这种桩体的显著优势。所以，这种桩体在砂土、粉土、黏土和松散土中应用很广，是一种比较普遍的地基处理方式。

二、基坑工程围护体系分析

基坑工程围护结构体系是岩土工程施工中较为综合的研究课题，基坑工程的施工不仅要保证土体的强度和稳定性，而且要对支护结构进行研究。随着经济的发展和科技的进步，基坑工程施工已经越来越普及，基坑的深度和面积不断增加，基坑围护结构的施工难度进一步加大。基坑工程围护结构的主要问题是如何控制变形，基坑的开挖会对岩土工程周围环境造成不良的影响，造成围护结构的变形。技术人员要加强对围护结构合理形式、适用范围的研究，对土体的变形和渗流进行整体的考虑，提高工程的稳定性。基坑围护结构在压力较大的情况下会发生变形，对工程的稳定性造成一定影响，严重时还会引发渗流现象，造成地面的变形，技术人员、设计人员和施工人员要加强研究和配合，对土压力进行较为准确的计算，对泥土的蠕变性进行充分考虑，控制土压力对工程的作用时间，并采取适当的措施来减轻土压力对围护结构的影响，对围护结构位移进行控制，提高基坑工程围护结构整体的稳定性，进而保证建筑工程的施工安全和整体质量。

（一）基坑支护工程的含义与特征

1. 基坑支护工程的含义

基坑支护工程需要确保建筑地下结构的安全以及周边环境的安全，基坑支护工程的原理主要是进一步加固、支持和保护基坑的侧壁，避免建筑施工过程中的结构性坍塌或者滑坡现象。在建筑基坑支护技术规程中重点分析了基坑支护工程的相关含义，这也是基坑支护工程的技术要领与规范。

2. 基坑支护工程施工特征

（1）实践性与模糊性

基坑支护工程有着显著的模糊性，这是因为支护工程设计和岩土层的性质有着密切关联，但是岩土层条件与基坑支护形式是相应的，还需要勘察人员具备较好的职业素质；基坑设计人员的实践经验和技术水平与基坑支护形式也有密切关联。

（2）事故性与地方性

由于不同地方的土质条件不一样，故基坑支护工程具有地方性特点，工作人员要结合不同地方的地质条件来选择相应的建筑施工方案。

（3）系统性与暂时性

基坑支护工程是系统性与综合性较强的项目，建筑工程要更好地开展施工和建设工作，建筑部门就要制定有关基坑支护的有关要求和规定，还要结合破坏的严重程度来分类，科学地开展基坑支护工程的管理工作，形成示范性的建筑施工文件和制度。由于基坑支护工程是暂时性工程，工程人员不可以将建筑施工的安全储备脱离现实情况。

（二）锚桩支护结构的组成

1. 锚杆的组成

锚杆是一种将拉力传至稳定岩层或土层的结构体系，主要由锚头、自由端和锚固端组成。

锚头：锚杆外端用于锚固或锁定锚杆拉力的部件。为了能够牢固地使来自结构物的力得到传递，一方面必须保证构件本身的材料有足够的强度，使构件能紧密地固定，另一方面又必须将锚杆收集到的集中力传给稳定地层。锚头由垫墩、垫板、锚具、保护帽和外端锚筋组成。

锚固端：锚杆远端将拉力传递给稳定地层的部分。锚固深度和长度应按照实际情况计算获取，要求能够承受最大的设计拉力。由锚固体提供的锚固力能否保证支护结构的稳定是锚杆技术成败的关键。

自由端：将锚头拉力传至锚固端的中间区段，由锚拉筋、防腐构造和注浆体组成。

锚杆配件：为了保证锚杆受力合理、施工方便而设置的部件，如定位支架、导向帽、架线环、束线环、注浆塞等。

2. 排桩支护体系

排桩围护体系沿深基坑边缘，通过机械钻孔、人工挖孔等施工方法灌注混凝土桩或通过锤打、挤压等施工方法挤入混凝土或钢制预制桩，一般呈单层排列。

锚固体系的组成已在前面章节中详细介绍过，这里需要强调的是腰梁必须有足够的高度，以便将排桩所承受的土压力有效地传递到杆体并传到土层深处。在实际工作过程中为了施工方便和节约造价，通常采用双槽钢作为腰梁。

挡水体系对于地下水位较高的深基坑，由于排桩之间存在间隙，因此，单独使用排桩无法满足深基坑对降水的要求。通常采取深层搅拌水泥桩墙、高压旋喷、摆喷桩墙、深井降水等措施达到防渗、挡水的效果。

3. 预应力锚杆

预应力锚杆支护是用于深基坑开挖的一种新型的锚固技术，通过对锚杆（高强钢丝或钢绞线）的自由段进行预张拉，实现对深基坑侧壁的加固。其工作机理是，当对锚杆的自由段施加张拉力时钢丝或钢绞线将伸长，由于锚杆锚固段的锚固作用，如果将锚杆端部锁定，则锚杆的伸长量不能回缩，此时对锚固的土体产生压应力，从而达到加固的目的。预应力锚杆与传统锚杆比较，其主要优点如下。

安全性好。在预应力施加过程中，对每一根锚杆均进行了张拉，这实际上也是对每一根锚杆的检验，发现有问题的锚杆可以及时补救，避免潜在的隐患。

造价低廉。由于采用预应力提高了锚杆的锚固力，可以相应缩短锚固段的锚固长度，因此，可以减少钻孔深度并且节约锚杆材料和注浆的用量，缩短工期，降低成本。

基坑变形小。预应力锚杆支护由于施加了预应力，在土体中产生压应力，减少了土体剪切变形，同时锚固段内锚固体与岩土间的剪切变形以及锚杆的弹性变形也随着预应力的施加而相继发生。因此，预应力锚杆支护的基坑变形较传统锚杆大大减少。

（三）排桩一锚杆支护的工作机理和破坏模式

1. 锚桩支护的工作机理

在深基坑周围土压力、地下水压力及深基坑周围建筑物等附加荷载作用下，排桩体有向深基坑内侧倾倒的趋势并产生相对侧向位移，深基坑底面排桩嵌固深度范围内的土体由于受到桩体侧向位移的影响，而产生被动土压力来抵抗桩体承受的部分主动土压力。作用在深基坑上部桩体上的锚杆，由于预应力作用也会为阻止桩体位移而抵抗部分主动土压力。支护桩体所受的主动土压力由被动土压力和锚杆锚固力共同承担。当主动土压力小于等于被动土压力和锚杆极限锚固力时，围护桩体无侧向位移，即支护体系有效；当主动土压力大于被动土压力和锚杆极限锚固力时围护桩体产生侧向位移，当位移超出允许位移时支护体系失效。实践表明，单根锚杆的承载力除锚杆必须具有足够的截面积以承受极限拉力外，主要受两个因素控制：一个是锚固段的胶结材料同孔壁的黏结力，另一个是胶结材料同钢丝或钢绞线的握裹力。

由于钢材同水泥浆之间的握裹力比水泥浆同孔壁的黏结强度大近 1 倍，所以钢材同水泥浆的握裹力在锚杆设计中可不考虑。一般工程可不必进行锚杆同水泥浆握裹力的计算。对于重要工程，则应采用钢材同水泥浆的握裹力来对锚固长度进行校核。实际上，锚固体同土层的摩阻力并不是均匀分布的，许多研究和试验成果表明，锚固段沿孔壁的剪应力呈倒三角形分布，其分布是不均匀的，它是沿锚固段长度迅速递减的，并不是锚固段越长，其锚固力越大，当锚固段长到一定程度，锚固力提高并不显著，所以增加锚固段长度并不是提高设计张拉力的好办法，正因如此，国际预应力混凝土协会使用规范（FIP）也特别规定锚固段长度不宜超过 10m。如果 10m 的锚固段长度尚不能满足工程需要，则可采用改善锚固段结构的方法提高锚固力。

2. 排桩—锚杆支护结构的破坏模式

（1）支护结构的稳定性破坏

整体稳定性。破坏锚杆承载力虽已有安全系数，但是挡土桩、锚杆、土体组成的结构，有可能出现整体性破坏，支护结构整体稳定的破坏模式包括以下几点。

①从桩脚向外推移，整个支护体系沿着一条假定的滑缝下滑，造成土体破坏。

②桩和锚杆的共同作用超过土的安全范围，从桩脚处剪力面开始向墙拉结的方向形成一条深层滑缝，造成倾覆。

③局部稳定性。破坏支护结构在水平荷载作用下，对于内支撑或锚杆支点体系，深基坑土体可能在支护结构产生踢脚破坏时失稳。对于单支点结构，踢脚破坏产生于以支点为转动点的失稳，对于多层支点结构，则可能绕最下层支点转动产生踢脚失稳。

④深基坑底隆起失稳。在开挖软土基坑时，如果支护桩外侧的周围土体重量超过深基坑底面的地基承载力，地基平衡状态受到破坏，就会发生深基坑外侧土体流动，深基坑周围地面下陷、坑底土体隆起的现象，即发生深基坑底隆起失稳。坑底隆起量的大小是判断深基坑稳定性的重要指标。在深基坑失稳之前必然产生一定量的隆起。但是，当隆起量不大时，未必造成深基坑失稳。基坑的保护等级越高，即周围环境要求越严格，则允许隆起量越小。

⑤管涌和流沙。当深基坑支护结构两侧有较大水头差，使渗流水头梯度到达临界梯度时，即可发生管涌。

⑥深基坑侧壁渗流。在地下水位较高的土体中开挖深基坑，若采用排桩式围护（加设止水帷幕）的封闭式支护，在围护墙周围流网的流线和等势线非常集中，则可能会造成深基坑侧壁和底部的渗流破坏。

（2）支护结构的强度破坏

支护桩体剪切破坏。根据静力平衡法，当考虑土侧压力对支护桩体的作用时可将其简化为梁进行内力分析。当支护桩体截面配筋不足或配筋不当时，通常会在支撑点处（剪力最大处）发生局部剪切破坏。

支护桩体受弯破坏。当支护桩的间距过大时，作用在单个桩体上的土侧压力增大，当土侧压力大于桩体本身的受弯承载力时将会导致支护桩体的受弯破坏。

锚杆受拉破坏。对于锚杆，由于土层的剪切强度一般低于锚固体的砂浆剪切强度，如果能够保证施工灌浆的质量，则土层锚杆的极限承载力取决于锚固体所处土层的剪切强度。当锚杆所受的荷载达到锚固体与土体的极限摩阻力时，将会在锚固体与土体的结合处破坏。

支护结构的变形。此种情况一般是指支护结构本身并未发生破坏，但因其变形已经引起周围邻近建筑物或地下市政设施发生破坏的现象。

（四）排桩锚杆支护结构设计要点

1. 工程地质及水文地质条件

深基坑的工程地质条件及水文地质条件主要是指土层或岩层的物理力学参数和地下水的存在状况及土层的分布。深基坑范围内的工程地质及水文地质条件是直接影响深基坑支护方案的关键因素之一。对于围护桩，土体条件决定桩体所受主动土压力和被动土压力的大小，在土体条件较差的软土地区必须通过加大支护桩的嵌固深度或增加侧向支撑点来保证支护结构的有效性；对于锚杆，土层锚杆的极限承载力取决于锚固体所处土层的剪切强度。

2. 深基坑的几何尺寸

深基坑的几何尺寸是指基坑场地形状，基坑开挖深度和开挖范围，等等。由于深基坑具有时空效应，深基坑的几何形状对基坑开挖过程以及基础施工阶段基坑的支护结构的受力和位移的影响是不容忽视的。例如，对于圆形、直线型或其他形状的深基坑而言，由于几何边界的不同，深基坑及其支护结构的受力和位移也就不同，而且土压力的分布也具有空间效应。

3. 排桩设计方案

排桩的设计方案包括桩体截面形式和面积的选取、配筋情况的确定、排桩布置形式的确定。排桩的设计方案直接影响支护桩体本身的受力情况。由于桩体在深基坑底面以上承受单向土侧压力，这必定使桩体有向深基坑内侧弯曲的趋势，从而产生侧向位移。为了满足深基坑工程及周围环境对支护结构侧向位移的要求，必须保证支护桩体有足够的刚度，桩体截面形式和面积的选取直接决定了桩体的侧向刚度。配筋情况的确定决定了桩体极限抗弯承载力的大小；排桩间距的大小决定了每个桩体分担的土侧压力的大小。

4. 锚杆设计方案

锚杆的设计方案包括锚杆布设位置的确定、锚杆的倾角、锚杆的长度的确定以及施工工艺。锚杆的设计方案决定了支护桩体的应力分布以及锚杆本身轴向应力的大小。

锚杆的水平间距在很大程度上决定了锚杆本身荷载的大小，竖向间距的选取将影响支护桩本身应力的分布，当竖向间距及位置选取恰当时，支护桩体所受应力分布更加均匀。

锚杆的角度在影响锚杆所受的荷载大小同时，也决定了锚杆长度的确定，通常情况锚杆的倾角为 10°~20° 。

锚杆的自由段长度必须保证穿过土体的滑裂面以免杆体被剪切破坏，锚固段的长度决定了锚杆的极限承载力。

锚杆形式对承载力的影响，锚杆底部形成扩大头，或以机械扩成几个扩大头圆柱体，提高锚杆的承载能力。

压力灌浆对锚杆的承载力提高起着很大作用，灌浆压力使水泥浆颗粒渗入周围土层中去，增加了锚固体与土层的摩擦力，从而增加了锚杆的承载力。经试验证明锚杆的承载力会随灌浆压力增大而增大，但并不是无限的，当注浆压力超过 4MPa 时，抗拔力的增大空间就很小了。由于地质勘察技术条件的限制，地质条件的勘察结果往往与实际相差较大。另外，深基坑周围建筑物（包括构筑物、地下管网、交通要道等）的分布状况以及基础施工过程等因素都会使支护结构的受力情况更加复杂。对支护结构力学性能的影响因素进行分析将有助于设计者对支护结构受力情况的了解，从而提高支护结构的有效性。

三、边坡加固工程施工技术

当 20 世纪 80 年代岩土锚固技术第一次引进我国的时候，就很快得到推广。当时的大多数重点工程和城市建设中都运用了岩土锚固技术。施工工具、材料等也都是自我提供；通过运用二次灌浆法，大大提高了锚固体与土体的连接力；在长期的运用过程中，随着施工经验的积累与工程数据的分析，岩土工程专家们总结出了如何更好地控制软土基坑周围位移的一些方法；重新审视基坑的开挖过程。在基坑工程中，运用时空效应原理来对基坑进行开挖是一项重要的技术性突破，其原理为处理别的工程问题提供了新的方式。

（一）预应力锚索技术

1. 预应力锚索的施工工艺设计

预应力锚索的施工就是将预应力锚索的基本构件组成一个有机体。简单而言，就是钻造锚固孔、制作束体并将束体放入锚固孔、固定束体下端、制作外锚头，然后用张拉锁定法使束体产生预应力后与外锚头连接，进行锚索防护，完成锚索制作。具体而言，要进行施工计划的制订，施工计划的制订应当充分考虑设计的要求以及调查实验数据；架设施工平台，施工平台的架设需要注意施工平台的承载和大小、数量要满足施工的需求；锚固孔的钻造，要制定预防埋钻、卡钻的措施，进行孔的涉水试验，充分考虑岩土地质缺陷，做好防护措施，注意选择合理的钻孔参数；束题的编制，注意选择防油、防潮和防污染的场地，做好检查、标识工作，注意挤压头的检验和防护，做好安全准备工作；结合实际，采用先进的束体放孔方式；注浆固定，要注意用水湿润管道，注浆要一次性完成且保证过程平稳；制作外锚头时要注意做好验证性工作；张拉锁定，要做好张拉前的准备工作，并选择合理的张拉方法，做好补偿工作；进行锚索防护完成锚索制作，防护要注意实现锚索的可靠性和安全性。

2. 预应力锚索加固工程的动态监测

预应力锚索加固工程的动态监测包括预应力锚索试验、预应力锚索加固工程检测和后期的定期检测维护。预应力锚索试验包含验证性试验、适应性试验和验收试验，验证性试验是为了验证预应力锚索的部件、材料、施工方法以及施工水平能否满足要求，重点是验证锚索的承载力、变形、松弛和蠕变等能否满足条件。适应性试验是为了检查锚索在特定现场条件下的适应性，要注意实验应当在与锚索工作的岩土层和施工工艺相同的条件下进行。验收试验的目的是验证锚索满足设计条件后锚索承载性能和安全系数。

预应力锚索加固工程检测就是检验预应力锚索施工质量以及预应力锚索的实际参数是否达到设计要求，包括检验原材料的合格性、施工仪器的达标性、工序记录、性能试验报告、设计图纸、施工异常处理措施等内容。后期的定期检测维护，也即工程的维护，应当配备专业人员进行定期检测维护才能延长工程的寿命，保证工程的安全可靠。

（二）HDPE 防渗膜加固

1. 加固方案

适量清理土体边坡坡面的疏松岩土、堆积物、残积物、滑坡体、填方、草木及其他杂物，压实、平整坡面，使坡面尽量平顺，整齐光滑，无开裂、无明显尖突，其平整度在允许的范围内平缓变化，坡度均匀。然后在土体边坡下部坡面上覆盖一层 1.0mm 厚的 HDPE 防渗膜，以防雨水渗入坡体。土体边坡上部填方段坡面难以清理，为避免坚硬石块戳穿防渗膜，这一段改铺防雨篷布。

HDPE 防渗膜的锚固采用沟槽锚固法。其锚固沟槽宽度为 0.6m，其深度为 0.5m。将防水材料边缘翻折在沟槽内，然后往锚固沟里回填混凝土将其固定。防雨篷布上有金属眼圈，其类似于运输业遮盖篷布的锁眼，穿过这些眼圈，锚杆或钢筋就可以固定防雨篷布。

为了加强防渗效果，同时也为了保护 HDPE 防渗膜，需要在 HDPE 防渗膜的下面铺设一层钠基膨润土防水垫。此外，为了施工安全，同时也为了降低 HDPE 防渗膜所受的拉力，应在坡体上由上而下每隔 10m（垂直高度）开挖出一条行人马道，这些马道宽约 1m，兼作工作平台。此外，锚固沟也应布置在这些马道上。如此可使防渗膜的铺设高度就由 50m 改为 5 个 10m，HDPE 防渗膜受力情况得到很大改善，工程施工也更为安全可靠。

2. 加固工艺

（1）加固工艺流程

根据材料长度和宽度，预计分配合理的裁剪图和预案，做下料准备。

准备铺设的防渗膜卷材在空地展平，按预定方案裁剪成需要的形状。

在平整的地面上铺膜，并合理计算、选择最佳的铺膜方式（以减少焊接缝数量、节约材料为标准）。

应从底部向高位延伸，不要拉得太紧，应留有 1.5% 的余幅以备局部下沉拉伸。

相邻两幅的纵向接头不应在一条水平线上，应相互错开 1m 以上。

纵向接头应距离坝脚、弯脚处 1.50m 以上，应设在平面上。

边坡铺设时，展膜方向应基本平行于最大坡度线。

（2）铺设施工要求

施工人员在施工现场施工时必须穿不损坏防渗膜的鞋子。

HDPE 防渗膜的铺设应平整、顺直，避免出现褶皱、波纹，以使两幅土工膜对正、搭齐，铺设后及时应压载或锚固。

合理地选择铺设方向，尽可能减少接缝受力。

合理布局每片材料的位置，力求接缝最少。

在铺设过程中防止任何因素破坏土工材料，铺设工具不得对土工材料产生损害。

在拐角及畸形地段，通常应使接缝长度尽量减短。除特殊要求外，在坡度大于 1∶6 的斜坡上距顶坡或应力集中区域 1.5m 范围内，尽量不设接缝。

在膜铺设中膜与膜之间接缝的搭接宽度为 100mm，使接缝排列方向平行于最大坡脚线，即沿坡度方向排列。

HDPE 防渗膜铺设完成后，应尽量减少在膜面上行走、搬动工具等，凡会对 HDPE 膜造成危害的物件，均不应放在膜上或携带在膜上行走，以免对膜造成意外损伤。

四、岩土工程泥浆护壁钻孔灌注桩施工技术

泥浆护壁钻孔灌注桩施工技术已经得到岩土工程施工企业的广泛应用，其也是现代岩土工程中较为常用的施工技术。泥浆护壁钻孔灌注桩施工技术具有许多优点，这种技术没有噪声，不会产生振动，并且不会出现沉渣过厚的情况，这种岩土工程施工技术适用于在地下水位埋深较浅的环境中。泥浆护壁钻孔灌注桩施工技术的施工工序为：首先将桩孔定位，然后进行埋设护筒，紧接着将钻机安置到适当的位置进行钻孔，钻孔结束后进行第一次对孔清理，接着要将孔中的泥浆清理出来，再进行第二次清孔，将钢筋笼下放到孔的底端，接入导管灌注混凝土。但是，在进行施工前需要注意进行验证，验证施工方案能否满足设计的要求。

（一）岩土工程泥浆护壁钻孔灌注桩施工流程

岩土工程中泥浆护壁钻孔以及灌注桩的整体施工流程包括：桩位放样、护筒埋设、钻孔、清孔、钢筋笼制作、安装导管、灌注混凝土等。可以说，施工作业中施工质量决定着最终成桩的效果。

（二）岩土工程泥浆护壁钻孔灌注桩施工技术分析

1. 桩位放样与护筒埋设

按照桩位的设计图，可使用经纬仪测定桩位，专人存档放线记录并审核。在此之后，通过旋挖钻机对准桩位进行护筒埋设。在此过程中，需对护筒位置和垂直角度随时修订，明确护筒口中心偏差不大于 50mm，垂直角度不大于 1%。此外，桩径要比选取的护筒小 200mm 左右，同时，要按照岩土工程的土壤属性、地下水状态决定护筒的长短和埋设。

2. 钻孔

钻孔前，首先要制作泥浆，其目的是稳定孔壁。制作泥浆时先打碎原始材料融入泥浆池，加水搅拌，控制泥浆指标时应按照岩土工程的土质进行调节，具体控制指标见表 6–1。

表 6–1　泥浆控制指标情况

土质类别	泥浆密度（g/cm^3）	黏度（s）	含砂率（%）
粉质黏土	1.05~1.10	18~25	< 6

续表

土质类别	泥浆密度（g/cm³）	黏度（s）	含砂率（%）
砂混黏土、黏性土混砂	1.15~1.20	25~30	＜ 6
卵石、强（中）风化泥质砂质	1.15~1.25	25~30	＜ 6

钻孔是灌注桩施工的核心所在，所以，钻孔施工技术非常关键。

先详细浏览地质勘探书，在此基础上选取适当的钻头、控制钻进压力和各项指标（见表 6–2）。

在钻孔时确保钻杆垂直，钻孔速度不要过快，位置稳准，确保随时补充泥浆，以稳定浆面，当钻头越过护筒 1000mm 时，可根据所判断的参数钻入，遇到土质软硬较差时应缓慢钻孔。

在钻孔作业中应经常核对孔位，及时纠正孔位偏差过大的情况并进行记录。

在钻孔中碰到塌孔等情况应及时处理。

当钻孔深度在设计要求范围内时，应让技术员对孔位、孔深以及孔径等数据进行确定并签验收记录，在此之后才能实施下一步操作。

表 6–2　钻孔参数

土质类别	速度（r·min⁻¹）	回次进尺（m）	提钻速（m·s⁻¹）
粉质黏土	0~50	≤ 0.8	≤ 0.8
砂混黏土、黏性土混砂	0~30	≤ 0.5	≤ 0.6
卵石、强（中）风化泥质砂岩	0~20	≤ 0.5	≤ 0.6
强风化白岩、中风化白云岩	0~15	≤ 0.5	≤ 0.8

3. 一次清孔

钻孔之后应对泥浆指标及时测量并核定。在此基础上可使用空转钻进行清孔。清孔是检验沉渣质量的重要因素，工作人员切勿对其掉以轻心。清孔工作完成后，技术员会检测孔深并以此判定后续钢筋笼的制作长度。

4. 钢筋笼制作并安装

制作钢筋笼的材质必须符合标准，原材料不仅要质量过关，还应验证合格后方可进场。

应按照钢筋笼长度进行主筋下料，尽可能用整根钢筋，在满足规范的基础上降低接头数量。

钢筋笼比较长时可分段制作，分段长度可根据孔深、起吊高度以及接头位置进行。

接头质量应验收并取样试验，合格之后方能安装。

制作钢筋笼的规格应满足设计需求，如直径 +10mm 等。

安装钢筋时应轻放、慢放，如果在安装过程中遇到硬物阻隔应查明原因，确定钢筋笼安全到孔，此后应加固钢筋笼并复核其标高。

5. 安装导管

在安装前要进行试连接和充水测试，保证导管无质量问题。

安装导管工序应在安装钢筋笼后，在安装时要注意不破坏钢筋笼。

导管的长度应适用于孔深，导管下端和孔底间隔 <500mm。

6. 二次清孔

通常在岩土工程中使用换浆法进行二次清孔，清孔时要保持孔内水头，从大到小控制泥浆密度，以防泥浆密度变化过快导致泥浆护壁失稳而坍塌。在清孔结束后要对孔底内的泥浆进行测试，测试的相对密度、含砂率、黏度、沉渣厚度要符合一定的标准。完成清孔之后半小时以内应浇灌混凝土，如果超过半小时浇灌混凝土应检测沉渣厚度，必要时需再次清孔。

7. 灌注混凝土

灌注混凝土时应遵循以下步骤：

使用水下导管顶托法进行混凝土灌注；

以导管初埋深度决定混凝土最初灌注的数量；

水下混凝土配合比例应保证混凝土的流动效率，把混凝土塌方程度限制到 18~22cm；

应一次性完成浇灌混凝土这一工作，在浇灌时要及时核对混凝土灌注速度和力度，以防混凝土浇灌产生向上冲力而使钢筋笼上浮；

混凝土在对钢筋笼产生一定压力后才能缓慢抬高导管，抬高时把导管放在孔中央以防导管接头连接处触碰钢筋笼，导致钢筋笼随导管一并抬高；

注意最末一次混凝土灌注的量，确定浇灌混凝土后其界面比设计桩顶标高 0.5~1.0m。

（三）岩土工程泥浆护壁钻孔灌注桩施工中需要注意的问题

岩土工程中泥浆护壁钻孔灌注桩施工过程中的施工工序很多，每个环节都会影响灌注桩的最终质量。因此，施工人员应注意下列几个问题。

1. 持力层误判问题

持力层误判可能会导致灌注桩未进入持力层或进入持力层深度不够，这在一定程度上会影响灌注桩的质量。所以，在施工前应仔细研究地勘书，在确定桩位钻孔时应与地勘技术人员及时沟通以确定持力层。

2. 孔壁坍塌问题

由于地下水位的问题，泥浆护壁钻孔极有可能造成护壁泥皮破坏而孔壁坍塌。为了防止这种情况出现，施工人员应按照土质状况，提升泥浆密度和黏度，以使泥浆厚度能够承受地下水的压力。

此外，在钻孔过程中还应及时补充泥浆，注意控制泥浆的钻孔指标；在浇灌混凝土时还应注意速度，防止浇灌速度快而冲垮孔壁。

五、岩土工程施工中喷射混凝土技术的应用

喷射混凝土技术是将一定配合比的拌合料利用喷射机械压缩空气喷射到受喷面上，当拌合料接触到受喷面以后会很快凝结成为混凝土，这样就起到了加固的作用。在实际操作过程中，要掌握好喷射材料的选择和配比，还要时刻注意养护好喷射设备。从目前喷射混

凝土技术所发挥的作用来看，其在岩土工程施工中的作用是非常重要的。若将喷射混凝土技术和钢筋网联合起来使用，会取得更好的效果，这样得到的结合面将会具有更好的耐久性和更高的力学性能，被广泛地应用于深基坑支护等方面。喷射混凝土施工技术的施工工艺流程为：首先要对受喷面的底层进行处理，用水将受喷面湿润，这样拌合料比较容易附着在受喷面上，然后进行固定钢筋网的编设，紧接着要拌混合料，一定要注意拌混合料不能太超前，等喷完混合料以后，还需要对加固面进行后续的养护，这样可以保障混凝土凝固后的强度达到预先的要求。

（一）喷射混凝土施工技术

1. 施工准备

检查喷射地点的安全情况和巷道规格。喷前首先排除作业范围内的不安全因素，确认安全没有问题后，全面检查巷道断面是否满足设计尺寸要求，有欠挖部分应除掉，以保证成巷规格。喷前检查设备与管路的完好情况。冲洗岩帮，喷射手在喷射前用压力水冲洗岩帮，以冲洗粉尘和浮矸，提高了混凝土与岩壁的沾着力。

降低回弹。对于软岩和易风化的岩石，一定不要冲洗全部巷道，因为冲洗过的巷道，若不能及时喷浆，受水冲洗过的围岩就容易片帮冒落，应做到洗一段喷一段。

掌握轮廓线。在喷射范围内的巷道顶部中心与两肩窝部位，两侧拱基线上下七个部位，沿巷道轴线方向在巷道轮廓线上用铅丝拉好控制线，控制线多少视巷道成型情况和喷射手的技术熟练程度而定。

2. 喷射顺序

喷射作业要求喷射手严格按操作规程进行。操作喷头时应一手托住喷头，一手调节水阀，再联系送料，开始喷射。喷头移动方式，可先向受喷的刚性岩面用左右或上下移动的扫射方式喷一薄层，形成一薄塑性层，然后在此薄层上以螺旋状一圈压半圈，沿横向做缓慢的划圈运动，划出的圆圈直径一般以 100~150mm 为宜，喷射顺序应先墙后拱，自下而上，以防止混凝土因自重而产生裂缝和脱落，墙基脚要喷药喷头，拉开区段，依次喷完半边巷道，然后调转喷头喷出另半边巷道，最后合拢收顶。

对于一些凹凸不平的特殊岩面，应先凹后凸，自下而上地正确选择喷射次序，遇到较大或较深的凹坑，可采取间隔时间分层喷射，或沿周边分成几块喷射而向中间合拢的方法。若遇光滑岩面，可先薄薄喷上一层砂浆，形成粗糙的表面，间隔一段时间后再进行喷射。遇有钢筋时，应采用近距斜向和快速“点射”的方式喷射，以保证钢筋后面喷射密实不留空隙。

3. 风量的调整

风量调整可直接控制喷射混凝土流速，喷锚机械手在正常使用时气压表指针在 4.5~5bar。为了达到比较平整的喷射面，并尽量减少回弹，在正常风压下，根据喷射混凝土坍落度的变化、混凝土喷射距离的远近和围岩的类型要随时调整风量旋钮，改变供风量大小。坍落度大时风量减小，反之则加大风量；喷射距离远时加大风量，反之则减小风量；喷射硬岩时减小风量，反之则加大风量。

4. 喷射角度的调整

喷嘴对喷射岩面的喷射角度是影响混凝土的最重要因素，应经常保持喷嘴与喷射岩面呈 90° 角。喷射裂隙、挂钢筋网和超、欠挖不规则岩面时要随时调整喷射角度，以保证喷射混凝土更加密实地填充到岩面的隐蔽部位。

5. 喷射距离的调整

正常混凝土的喷射距离为 1~2m。如果距离太小，将无法形成层状，因为喷射混凝土一旦触及岩面就会被后续的强大冲击力吹走；如果距离太大，则因冲击力不足而无法满足喷射混凝土的黏结和密实要求。二者任何之一都将造成回弹量的急剧上升，致使能够喷附至岩面的混凝土很少。相反，如果根据喷嘴处混凝土的流速来调节喷嘴距岩面的合理距离，则回弹量可控制到最小范围，所以如何准确地掌握喷嘴距离是非常重要的。

另外，在混凝土坍落度变化情况下，喷射距离也需要进行调整，当坍落度较小时，喷射距离取小值；当坍落度较大时，喷射距离取大值。较小坍落度混凝土的喷射距离为 1~1.2m，较大坍落度时的喷射距离可达 1.5~2m；同时，在粗喷或毛喷时喷射距离也要尽可能小，面层找平时喷射距离尽可能大，最后喷射层找平时的喷射距离可放大到 2~2.5m。

（二）控制喷射混凝土回弹量的施工措施

1. 水泥与速凝剂的使用

速凝剂与水泥适应性问题具有普遍性，即同种速凝剂与不同水泥或不同速凝剂与同种水泥之间，速凝剂的促凝效果差异较大，对于此问题可采取以下措施。

①石膏含量高的水泥所需要的速凝剂掺量较高；混合材对液体速凝剂与水泥适应性的影响最为显著，其实质是减少了水泥中参与早期水化矿物的含量，因此提高速凝剂掺量才能达到比较好的促凝效果。

②在喷射混凝土施工中，应尽可能选择矿物掺和材较少、C3A 含量较高的水泥。

③提高速凝剂掺量、降低水灰比等措施能改善速凝剂与水泥的适应性，提高喷射混凝土的施工质量。

2. 喷射机与喷嘴的操作

喷射机的操作可影响回弹、混凝土的密实性和料流的均匀性。要正确地控制喷射机的工作风压和保证喷嘴料流的均匀性。喷射机所处的工作风压应根据适宜的喷射速度进行调整，若工作风压过高，即喷射速度过大，动能过大，则使回弹增加，若工作风压过低，压实力小，影响混凝土强度，喷射机的料流要均匀一致，以保证速凝剂在混凝土中均匀分布。

3. 调整合适的水压，保持适当的水灰比

保持合适的水灰比是降低喷射混凝土回弹率的重要手段，在以往的生产过程中，由于风压偏高，相应的水压偏高，因而水灰比也较高，较高的水灰比往往使混凝土层滑移甚至流淌，不仅会影响喷层的质量，而且能够大大地提高回弹率。某工程把水灰比保持在0.4左右，这样的水灰比不仅使喷层稳定结实，表面具在水亮光泽，一次喷厚较大，且有效地降低了回弹率。

4. 各喷层时间间隔的控制

在喷射混凝土过程中，因各喷层时间间隔掌握不当造成回弹量增大。一种是间隔时间太短，喷射混凝土未初凝而被风压水压冲击而脱落，造成回弹增大；另一种是时间间隔太长喷射混凝土已初凝，再次喷射时骨料不能镶嵌到混凝土面，造成回弹增大。因此，在施工过程中应按照混凝土的初凝时间以及是否添加速凝剂而控制喷层时间间隔。

5. 喷射混凝土时应分段分块进行

喷射混凝土应采用分段、分片、分层依次进行，喷射顺序应自下而上，分段不宜超过6m，分块大小不宜超过2m×2m，严格按照先墙后拱、自下而上的顺序进行喷射，以减少混凝土因重力而滑动或脱落，从而控制喷射混凝土的回弹量。

第二节　地下水位观测

在岩土工程建设过程中，地下水位与工程的稳定性、施工的安全性属于三角对立的关系，地下水位的变化对整体岩土工程项目的建设具有现实性意义。如果地下水位的升降水平超过工程建设规定的范围，则会给工程的建设带来严重的影响。所以，在准备开始建设岩土工程相关的建筑物体前，要对地下水位进行全方位的勘察，并将勘察的数据与当地近几年的地下水位变化情况进行对比及分析，为工程的顺利进行奠定良好基础。另外，对地下水的补给与排泄问题展开调查也是地下水位勘察工作中非常重要的环节。

一、地下水位对岩土工程的影响

在地下水位变化和动水压力的共同作用下产生由地下水引起的地质问题。

（一）地下水动水压力对于岩土工程的作用

一般情况下，我们很少考虑地下水对于地表的压力问题，因为这样的作用力比较小，对于地质造成不了多大的危害，但是随着人类活动的加剧，这也成了我们需要特别关注的一个问题。在施工的时候，需要考虑到地下水造成的压力问题，需要对各种岩土和地质进行考察，把握好各项工程可能遇到的新的突发问题。

（二）地下水位变化的影响作用

我们主要从两个方面考虑地下水位变化对岩层的影响作用，一方面是人文方面，主要是人的活动对于地表的影响，另一方面是地质条件方面，主要是自然生态环境对于地质的影响作用。对于人类而言，对生态环境的保护是义不容辞的，因为这关系到人类的生存环境，对地表无节制的破坏会造成地震等自然灾害，危害人类的生存。

1. 地下水位不稳对于岩土工程的影响

地下水位的稳定性如何也是关系到地质和岩土工程的重要问题，因为水位的忽然上升和忽然下降势必造成地质的结构变化，水是容易腐蚀地质的特殊物质，因此，需要在施工之前考察当地水位的稳定性，同时，保持整个地表的稳定也是很重要的。岩土工程施工的时候，工作人员需要进行专业化的培训，保障质量很必要。

地下水位的升降和季节也有很大关联，我们在施工的时候也需要考虑到季节的因素。在冬季施工的时候需要考虑到温度，比如，南北方的温度差异，在夏季施工的时候需要考虑到雨季的到来，雨季来临时地下水位势必是会比较高的，我们需要具体问题具体对待、不同解决。

2. 地下水位上升对于岩土工程的影响

人文因素和自然因素是我们在考察和研究地下水位升降问题需要考虑的两个方面，通常人文因素是我们的力量所能够掌控的，但是自然方面，尤其是季节和气候是人力不能够把握的。我们需要采取一些行之有效的办法对各类问题进行考察，把成本降到最低、伤害降到最小。地下水位上升会对地表建筑的稳固性造成威胁，尤其是一些比较高的建筑如果出现地下水位上升，解决不得当可想是多么危险的事情，这样必然会威胁到居民的生命财产安全和人身安全。地下水位上升会造成海平面的上升，对于沿海的一些建筑会有不利的影响，需要对这一问题特别注意。地下水位上升会造成地表岩石的松软和老化问题，导致地表的不稳定，造成大量的地质疏松现象。地下水位上升会对地下室造成非常不良影响，尤其是地下水上升时造成的地表潮湿，肯定会对地下室的空间和温度造成不利效果。如果地下室是存放物品则不能够出现怕潮湿的物品摆放，住人的话则需要注意防潮问题。

3. 地下水水位下降对于岩土工程的影响

地下水水位的持续下降，不仅对于人们的日常生活、农业生产造成一定的影响，同时也对岩土工程产生相应的影响。地下水位的下降，大部分是人为因素，如对于河流进行人工改道、修建水库截止下游地下水的补给、上游筑坝、大量抽取地下水等，都会引起地下水位的下降，进而给岩土工程造成影响。

地下水位下降度过大，会引发一系列环境问题，如水质恶化、矿化度增高、地下水中的有害离子增多、地下水资源枯竭等，从而给人类的居住环境产生出较大的不利影响。

地下水位的下降度过大，会引发一系列的地质灾害，如地面下沉、海水入侵、地表塌陷、产生地裂缝等，给地球的生态环境造成严重破坏。

二、岩土的水理性质

岩土与地下水之间的相互作用而显出来的各种性质，称之为岩土的水理性质，包括溶水性、含水性、给水性、持水性、透水性、毛细管性、软化性、胀缩性、可塑性及稠度状态等。由于岩土中水的存在方式不同，其对岩土的水理性质的影响亦不相同，而岩土的水理性质对岩土的强度和形状息息相关，因此，了解岩土的水理性质对建筑物的稳定性和耐久性起重要作用。

溶水性，是指常压下岩土孔隙中能容纳一定水量的性能，以容水度表示（岩土孔隙中能容纳水量的体积与该岩土总体积之比）。

含水性，松散岩石实际保留水分的状况，用重量含水量和体积含水量表示。

给水性，地下水位下降时，其下降范围内饱水岩石及相应的支持毛细水带中的水，在重力作用下从原先赋存的空隙中释出，这一现象被称为岩石的给水性。表征指标为给水度，一般采用实验室方法测定。

持水性，岩石依靠分子引力和毛细力，在重力作用下其岩石仍能保持一定水的性能。表征指标以持水度表示。

透水性，是指在水的重力作用下，岩土容许水透过的能力，以渗透系数为表征指标，通过抽水试验、注水试验和压水试验确定。决定透水性好坏的主要因素是孔隙大小；只有在孔隙大小达到一定程度，孔隙度才对岩石的透水性起作用，孔隙度越大，透水性越好。

毛细管性，以毛细管上升高度、速度和毛细管水压力来表示。

软化性，指岩土体浸水后力学强度降低的特性。通常采用软化系数为表征指标，用于判断岩石耐风化、耐水浸的能力。在地下水的作用下岩石层中的易软化岩层通常变成软弱夹层。

胀缩性，是岩土吸水后体积增大，失水后体积减小的特性。通常采用膨胀率、自由膨胀率、体缩率、收缩系数等指标为表征指标。形成地裂缝、基坑隆起的重要元凶之一为岩土的膨胀性。

可塑性及稠度状态，黏性土区别于砂土的重要特征。

三、地下水位的测量和变化幅度

（一）地下水的测量

根据当前国家新标准规定，稳定水位的时间间隔按地层的渗透性确定，对沙土和碎石土不得少于 0.5h，对粉土和黏性土不得少于 8h，并宜在勘察结束后统一测量稳定水位。稳定水位的测量宜在整个场地钻探结束 24h 后测定稳定水位，测量地下水位的工具应按有关规定执行，并定期用钢尺校正。这是因为经过扰动的地下水恢复到天然状态下的时间长短不仅与自身的性质有关，还与钻孔的方法有关，实际中稳定水位的时间间隔要比规范规定的时间间隔长。为了得到的数据准确、齐全、可靠，故应在 24h 后测定稳定水位。

（二）地下水位的变化的危害

地下水位的变换是动态的，即地下水位与工程勘察使地下水位存在一定的差别，这个变化幅度的多少，不仅困扰着设计单位（是否在设计中考虑水浮力的影响，结构的防水等）同时也困扰着施工单位（是否需要降水等）。

地下水位上升。地下水位上升的危害有以下几个方面：第一，降低浅基础承载力；第二，造成不良的地质现象，如沙土地震液化加剧，建筑物震陷加剧，土壤沼泽化、盐渍化，岩土体产生变形、滑移等；第三，使膨胀性岩土产生胀缩变形。

地下水位下降。地下水位下降的危害有以下几个方面：第一，造成不良地质问题，如地表塌陷、地面沉降、海水入侵、地裂缝的产生和复活以及地下水资源枯竭、水质恶化；第二，影响建筑工程的质量。造成地下水位下降主要有两个原因：第一，某些大型建筑的基坑工程需要工程降水；第二，长时间的持久降水造成城市地下水位整体下降。

地下水频繁升降。土层中胶结物中的铁、铝等成分随着地下水位变动的流失，造成土质松动，土压缩的模量和承载力随着含水量的孔隙比的逐渐增大而降低，给工程带来极大的困扰。

四、地下水的腐蚀性

地下水的腐蚀性，导致混凝土基础破坏，从而降低建筑物和构筑物的稳定性和耐久性，给人们带来安全隐患。我们可以通过采取相关的设计措施来防止地下水腐蚀的发生，这就需要在岩土工程勘察中，对水体采样，分析、评价其化学腐蚀性，为设计提供依据。

（一）危害

当地下水中还有某些过高的化学成分时，混凝土、可溶性石材、管道及钢铁构件及器材都将受到腐蚀，由于氯离子能够破坏钢筋的保护层，使得钢筋发生锈蚀，因此，会产生下面的后果。

首先，锈蚀物的生成使得混凝产生开裂、剥落和分层等破坏，进而导致钢筋锈蚀的加速；其次，钢筋由于钢筋的锈蚀减小了其横截面积而使得其承受荷载的能力变小。

地下水中的某些盐类，通过毛细水上升，浸入混凝土的毛细孔中，盐溶液随着温度下降，上升，而反复结晶潮解使混凝土遭受腐蚀破坏，破坏了建筑的稳定性，产生了不安全的因素，缩短其寿命。

（二）防治措施

首先，加强环境保护，降低废料的排放。

其次，通过选择高性能的混凝土来提高混凝土耐久性的性能。

最后，特别严重腐蚀的地区，采用桩基础，采用涂膜防护等措施提高桩身的耐腐性。

（三）地下水为强腐蚀时地基基础设计注意事项

在地基设计时，如果处在特殊环境，整体环境为强腐蚀性则会使工程项目产生明显影响。因此，当处在强腐蚀性时，应选用桩基础、抗硫酸盐、防腐剂等，根据工程项目中的基础材料、垫层以及桩身强度并根据地基基础设计的注意事项进行研究，旨在提升经济效益。

1. 地下水腐蚀研究分析

工程项目如果位于盐碱地区或者半干旱地区，例如，新疆地区，受其气候环境的影响，降水量少，同时蒸发量大，因此直接影响工程质量。简单来说，在盐碱地缺少盐酸以及损害程度较高的影响，工业也会受到污染，因此地下水相对带有腐蚀性，会直接影响工程项目的基础设施建设。对于工程项目的管理人员来说应根据其来减少不良影响。对于电力项目来说，由于腐蚀属性不同，因此产生的影响也有不同。部分项目所在地区土壤如果地下水为二类腐蚀，其中的地下水会导致工程项目建设中的混凝土钢筋等受到严重影响，直接影响其结构。

2. 建筑桩的选用

根据工业领域建筑防腐设计规定明确提出，如果工程项目处在腐蚀环境中，应首先在施工材料选择时，将钢筋预制混凝土桩作为施工材料，如果工程项目中扶持条件较弱，施工人员在施工材料选用上可以选用预应力混凝土土桩等。施工团队在开展作业时，如果土壤和地下水带有一定的腐蚀性，则不应选用钢筋混凝土材质的。

工程项目正在开展施工作业时，需要承担大量载荷，需采用大直径以及预制装。受气候以及选择的影响，因此直接导致工程难度的增加。施工团队在进行选拔时，由于难以满足防腐蚀以及耐久性要求，施工过程中一些项目的需求也难以得到满足，因此依照防腐规定以及国家标准，在遇到特殊情况时，可以选用其他添加剂掺入混凝土桩身，以此来满足施工和建筑要求，除此之外，还可以采用钢筋混凝土材质的灌注桩。如果业主将一些抗腐蚀剂加入混凝土中，为保障其稳定，可以将普通硅胶水插入，从而强化水泥结构，降低其孔隙以及提升硬度，从而减少其腐蚀力。

3. 抗硫酸盐腐蚀剂等的选用

当前依照工业领域中防腐设计规范，明确提出我国国内工业建筑中主要的防腐剂类型即为抗硫酸盐及种类较多。根据国家机构研究表明，防腐剂目前该技术已经成熟，同时能够掺入混凝土中，能够有效地降低腐蚀同时提升建筑结构的稳定力，在密度较厚的同时能够延长寿命，确保工程作业效果的提升并降低施工成本，但要求掺入防腐剂的混凝土，保障和硫酸盐水泥具有相同的效能。

4. 搅拌桩技术的选用

如果某个项目地下水土壤具有强腐蚀效应，施工团队还应使用水泥土进行搅拌。依照地基处理规范，对有机土质以炭土进行处理，对于一些没有经验的地区或在腐蚀环境应用时，应首先对现场项目开展试验，从确保水泥土搅拌桩的适用性。按照相关处理规范，在所在区域的海水中掺入土壤地下水，在其中的硫酸盐和水泥发生混合时则会导致土壤遭到侵袭，因此，施工人员在进行硫酸盐水泥进行施工时，应控制其中结晶的膨胀并持续强化抗腐蚀性能。在工程建设过程中可能发生施工质量问题，经验丰富的管理员要管理施工过程，并对施工质量问题加以解决。因为工程的复杂性，工程设计者需要具有较强的沟通能力和责任意识等。通过对工程施工的环节进行严格分析把控，在确保施工人员在项目工程中安全的同时，通过采用对施工过程进行监控的方式，确保项目质量的稳步提升。

目前来说，国家各部门其地基处理标准，依据现有范围的制定细则明确提出，如果工程项目中地下水土壤腐蚀性较强，则团队应该保障态度明确，尽可能选择其他的替代方案，避免使用其他技术。对于建筑施工团队还应使用复合地基等技术来代替搅拌桩等，从而加快工程项目的施工进度，使施工质量更加良好。

5. 垫层、材料以及桩身强度分析

在选择工程材料时，需要进行全方位的考虑，对工程设计、施工等方面的要求要做到全面的思考，严格遵守工程的设计标准和设计要求，并且将其作为材料质量控制的标准。在进行材料选择时，需要对材料做好质量的检测，并做到及时甄别，其中包括对材料的规格、型号和数量等。在满足国家相关规定之后，可以投入工程的使用当中，但是有的工程施工单位在进行施工材料的选择时并没有提出过多的要求，所以导致了材料的选择不能够符合国家的规定，工程质量难以达标。如果工程项目处于腐蚀性以及以地下水和土壤均较差的地区，在选用水泥土搅拌桩制定的细则时，应根据腐蚀特性选取耐腐蚀材料做成的垫层，同时确保混凝土等级在 35 强度以上。施工人员在选用混凝土装基础时，应确保所有混凝土强度在 C40 以上，同时石灰的均小于 0.4。工程项目区域中，如果土壤腐蚀性较强，应选用抗渗等级在 S8 以上的混凝土。

如果工程项目的腐蚀性较强则应该选取 S10 以上的混凝土，此外在确保混凝土厚度的同时，应选取一定的保护层使用混凝土的管桩。钢筋混凝土的保护层厚度也应该在 35mm 以上，此外施工人员在使用混凝土材质制作的灌注桩时，水灰比应低于 0.45，同时钢筋混凝土保护层在 55mm 厚度以上。在整个工作完成后，施工团队应根据项目的实际需求选取基础，垫层强度一直在减少地下水和土壤所造成的冲击。建筑团队还应结合工业领域中的相关标准围绕各个环节进行后续处理，从而进一步优化施工材料，并以此来提高工程项目的施工质量。

对于项目来说，土壤地下水如果腐蚀较长时，整个施工团队在项目过程中应避免使用水泥土搅拌桩技术，并保持谨慎的态度。在将抗硫酸盐腐蚀材料混入过程中来降低成本，同时确保其使用混凝土的灌注中使用的强度和等级良好。如果在 0.45 水灰比一下，则应选取 S8 以上。

五、地下水位监测的案例分析

通过对一些实际施工案例展开分析，总结出地下水对于岩土工程施工的影响。地下水导致建筑工程中混凝土的基本特性发生变化，而且导致建筑工程基本的稳定性受到损害。有效加强地下水对于岩土工程勘察的基本影响的研究并采取相应措施，可以进一步保证工程施工质量，提高工程施工整体的效益。

（一）地下水案例监测

1. 地下水监测案例

在某重力坝主坝上游面和下游面分别安装一支水尺和一支水位计，水尺用于人工观测水位，水位计用于实现自动化水位监测。水尺 SC1 安装在 0+035.00m 断面上游面，高程范围为 286.0~299.0m，对应水位计 SW1 的底部高程为 286.0m；水尺 SC2 安装在 0+040.00m 断面上游面，高程范围为 261.0~272.0m，对应水位计 SW2 的底部高程为 261.0m。每支水尺长度为 12m，共计 24m 水位标尺，水位计 2 支。

2. 渗流监测

（1）渗漏量监测

采用量水堰进行监测，在坝后坡脚排水沟布置一个量水堰。

（2）渗水水质监测。定期人工采集水样做水质分析。

（3）绕坝渗流监测

采用测压管进行监测。在坝两岸灌浆帷幕前各布设 1 支测压管，帷幕后各布设 3 支测压管，共 8 支测压管，测压管内放置渗压计以实现自动化监测。

（4）坝体浸润线监测

监测坝体内浸润线变化情况及可能的渗漏，在 0+030.000m、0+060.000m 和 0+090.000m 断面各布置 4 根测压管，每根测压管内布置 1 支渗压计，12 支渗压计。

（5）排水体渗流监测

在 0+060.00m 断面排水反滤层内布置 3 支渗压计监测下游排水体淤堵情况。

3. 环境量监测

水库环境量监测包括上、下游水位、库水温、大气温度、降雨量监测、大气压、蒸发量和风速风向。

（1）库水位

采用水位计进行自动监测，水位计布置在上、下游水位平稳的地方。

（2）库水温

采用水温计进行自动监测，水温计固定垂线布设在水位测点附近。

（3）大气温度

采用温度计进行自动监测，气温监测设备设在专用的百叶箱内。

（4）降雨量

采用雨量计进行自动监测，雨量计布置在气温计附近的开阔场地，使被测参数不受房屋等物体的影响，同时方便数据采集。

（5）大气压

采用气压计自动进行监测。

（6）蒸发量

采用蒸发量仪进行自动监测。

（7）风速风向

采用风速风向计进行自动监测，设置简易气象站，用于布设温度计、雨量计、气压计、蒸发计和风速风向计。

（二）施工时地下水的基本危害

1. 地下水水位变化的危害

地下水一般有较强的季节性变化及区域性变化，但地下水位的变化一般不会有很大幅度。但在最近几年，因为一些人为因素导致很多的地下水变化出现十分不规律的现象，这就会导致岩土施工工程的相关设计工作、施工建造工程会变得更加复杂。目前，为了十分清晰地掌握地下水对岩土工程所导致的危害，在开展工程施工之前的勘测时，增加了潜水位、静水位、承压水位和含水层等的测定，静水位测定可以进一步支撑地下水位的基本变动，为工程勘测提供更多科学依据。地下水位的变化会在一定程度上危害在岩土施工的地基。其中，主要的危害表现形式是潜水位的上升和下降。

潜水位上升通常会导致以下一些相关的危害：

潜水位上升的区域出现土壤盐碱化以及土壤沼泽化；

山体下滑以及坍塌的现象；

岩体出现沙化以及液化的现象；

工程地基出现充水的现象，会导致工程的基本结构出现不稳定性。

一般情况下，施工工程地下水位出现下降时，会使地基出现下沉以及坍塌等，导致工程建筑的基本结构所具有的稳定性出现下降。总而言之，地下水位的升降都会导致岩土出现膨胀及变形，有时候还会出现岩层发生断裂的情况，这样就会导致建筑的基本质量受到很大影响。

2. 地下水的危害

一般情况下，地下水动水的压力比较小，在开展岩土工程的基本施工时，很多地下水的压力就会发生一定的改变，这种改变就会导致施工工程的地基基本结构受到一定影响。通常建筑工程都是基坑地基，基坑之下一定会承受含水层的压力，当建筑工程施工建设完成之后，地基会受到更大的压力，这时有可能出现含水层动水压力上升的基本现象，压力会对基坑的底板进行挤压，严重时会导致工程出现喷涌或者是流沙的现象，使建筑工程中混凝土的基本特性遭受影响，导致建筑工程基本的稳定性受到一定的损害。

（三）水文勘察的基本要点

1. 水文条件基本检查

水文条件基本检查主要包括以下几点相关内容。

第一，需要这一区域的气候资料，比如，工程施工工地的蒸发量、降水量以及历史水位等地下水补给的基本条件以及水位动态性的基本变化等。

第二，含水层的基本分布、埋深以及厚度，隔水层以及含水层所埋藏的条件、地下水类型、方向以及水位。

第三，施工工程和周围的建设工程等对于地下水造成的一些影响。

2. 水文基本情况的评价

水文基本情况展开评价主要包括以下几点。

第一，在查明工程施工地下水的基本情况前提条件下，对于一些人为的工程以及活动所能造成的一些影响进行科学预测。

第二，依照地下水可能会出现对于工程施工实施所导致的影响，同时找到针对这些影响相应的防治措施。

第三，结合整个施工工程建筑的基本类型和施工的基本要求，明确与工程之间相关的水文地质主要问题，及时找到每一项基本水文参数。

3. 地下水的基本测定

在开展岩土相关工程地质勘测的基本过程中，当遇到有含水地层时，一定要对地下水位展开科学测定，在检测的时候，一定要按照相关规定展开严格的测定，并且掌握相关注意事项，比如，静止水位观测，使用泥浆进行钻进工作，需要提前将测水管打入含水层中，或者是洗孔之后再开展测量工作。

（四）地下水勘察的相关处理措施

1. 静水位加强测量

在开展岩土工程相关设计以及施工的基本过程中，需要对地下水展开科学的勘测工作，并且要对勘测之后所得到的一些数据展开科学的分析，这样可有效估计出地下水对于建筑工程的基本影响程度，进而科学做出相关的预防方案，最大限度地减少地下水对于施工工程的主要危害。

其中，为了能够进一步确认地下水的基本情况，在开展静水位的相应测量工作时，应依照分层测定的基本原则，制作测定的影响时间表。

另外，在进行工程施工前期的一些勘测工作结束之前，还需要针对静水位再一次进行监测，在测量的基本过程中，需要将测量水管放置到含水层 20cm 处，这样才可以最大限度地获得一些相关数据，而且要做到十分严格地依照勘测基本顺序，做到更加科学化、更加系统化的勘测以及预防。

2. 水理性质加强科学分析

水理性质主要包括地下水基本作用于岩土一部分的应力，导致土层的基本性质出现变化，主要包括岩土的热胀冷缩性质、崩解性质以及软化性质等。自然条件主要就是指勘测区域之间的气象水文、地形地貌以及地质环境等。对地下水基本性质的分析，一般都会使用抽样检测的方式，通过施工工程的实际情况开展工程的基本设计，最大限度地减小地下水对于岩土工程的实际危害。

3. 基本处理措施制定

首先，根据施工工程地下水所造成的一些危害，重视岩土施工工程现场勘察的基本过程。其中在对地下水进行勘察工作时，需要更为严格地观察地下水潜水层、含水层的基本分布和水位留存的主要情况，并且需要通过一些相应的数据开展地下水的影响预防，最终科学地制定合适的预防措施。

其次，在开展岩土工程的基本施工时，需要在整个施工工程的角度上，对于可能会影响整个工程的结构稳定的水文情况展开科学勘察，并且需要做好地下水位人工控制升降的基本预防措施，在未来最大可能地避免地下水的升降对于施工工程整体的影响。

再次，在开展施工设计时，需要依照地下承压含水层基本情况在基坑开挖施工结束之后，做到承压水动水压力对于主板冲击的主要数据分析工作，进行科学布置，工程地基相应的设计工作是否科学合理会直接影响地下水动水压力对于整个施工工程的影响，将地下水动水压力降低，进而减少对施工工程基底板的损害，进而达到提升工程施工整体质量的目的。

最后，在进行施工前，需要依照工程的基本情况，假如地下水之中含有一些腐蚀性因子，那么一定要选择一些抗腐蚀性的施工材料，进而有效做到加强工程施工基底的抗腐蚀基本性质，做到科学延长工程整体的使用寿命。

第三节　现场检测与监测

当今，我国在加速城市化进程、加快乡村建设的整体环境下，岩土工程在我国发展中起着相当重要的作用。但是在岩土工程中的未知因素较多，这就要求对于岩土工程的现场监测应该严格把控，在了解施工现场的前提下做相对应的预防措施。所以，在岩土工程施工中的现场监测就占有非常重要的位置。

一、岩土工程施工与现场监测的相关概述

岩土工程的重要目的是在确保安全的前提下对相应地段进行岩土的勘察，对于岩土采取样本进行分析并推算出该地段的岩土性状和类型，并针对这些特性进行研究。由于岩土工程的施工必要时要大动干戈，所以对于地质相对脆弱的地区应该做到精准细致的现场监测。现场监测是施工时或施工之前对进行施工的地段做出详细的数据处理，监测施工状态的稳定性并保证施工的安全性，在不安全的情况下可以做到预先处理，在了解岩土结构破坏参数值的前提下预先报警。

二、岩土工程施工与现场监测在实际操作中的要点

（一）施工场地的自然状态具有不稳定性

岩土工程施工对于施工地区的气候条件和土地质量等自然因素依赖性很强。比如，在岩土施工过程中出现气候急性变化，土地的质量区别很大。这就会严重影响岩土工程施工的稳定性状况。而且对于岩土测试样品的需求有着严格的指标，施工地区自然状态的不稳定也会对岩土的样品特性产生严重的影响，比如，样品的数据会与实际岩土测试数据误差增大。如果岩土测试的样品不符合要求，那么将很难表现出原状土的特性，这对于后期的研究也有不利影响。

（二）岩土工程取样过程不够严谨

由于我国的人口较多、地形复杂、气候多样等不可控的因素，地质环境的性质、类型、规模等复杂的影响。所以，岩土的类型也不尽相同，但是岩土工程施工与现场监测人员在取样时往往不能取到有足够代表性的岩土，所测试出的结果也不能代表该地区岩土的性状。样品的规格和参数也很难有一个真正符合要求的正确指标。而且有些岩土测试人员在取样时不按照科学的步骤或仪器，比如，取样时不用正规的取土器，这就在一定程度上破坏了原状土的结构和含水率，与原状土的误差过大，参数也就不能起到良好的示范作用，这也是在国际上我国的岩土取样难被承认的重要因素。

（三）现场监测的记录不能及时整理且不能及时报送

在岩土工程现场监测室必定会有相当数量的记录、图件和分析报告，这些材料会直接影响施工现场的进程和保障性。但如果不能保证及时通报给岩土工程施工人员，现场的施工安全很难有相当的保证，施工人员的工作没有明确的方向性，只能凭借感觉来施工，但一旦地质质量较差，岩土较为脆弱，地下水动态强烈，极易引起施工现场的坍塌。还有现场监测的结果或数据也会因为工作人员的不耐心导致字迹潦草，乱涂乱改，数据缺失，一旦施工人员未能及时了解监测的结果，将会导致严重的不良后果。

三、岩土工程施工与现场监测的具体措施

（一）及时做出相关测试报告保证对施工现场的实时性了解

针对气候的急性变化或自然中的许多不可控因素，测试人员应该定时地做出相应的测试结果，而且其中的时间间隔不宜过大，并且监测工作人员要做出与之前测试结果比较出来的差异，并利用这些差异计算出现的新情况，方便施工人员针对性地做出新措施。这样可以有效地保证施工人员对场地的了解，如果数据显示接近危及工程的临近值，则应马上做出警报和采取相关措施，以免造成财产的损失或工作人员的伤亡。根据不同的场地环境变化，监测人员应该采用不同的测试方法，而不同的监测项目要利用不同的科学仪器，目的是减小测试结果的误差，针对场地自然状态的不稳定性做出灵活的改变。

（二）细化岩土取样过程并采用科学正规的仪器

在取样过程中应该针对不同的取样地点使用不同的取土器，选用什么样的取土器要看地层的结构、结构的厚度等因素。地层中存在的各类岩土也要做出详尽的报告，例如，堆积岩、沉积岩、洪积岩层等，并推导出怎样来取样，怎样进行岩土工程施工，这样就能对细致的取样过程起到积极作用，而且取样时场地的环境条件也是重要影响因素，主要包括地下通水线、人流量、建筑物等，所以对监测工作人员有着非常严格的要求，这些影响因素必须详尽整理，使采取的样品更加接近原状土，研究出更加科学精准的数据，方便工程施工和做出后期的研究。

（三）增加工作人员的数量且运用计算机专业化报送监测结果

不同监测内容的监测点应该有合理的布局并且应科学合理，这对监测的范围与监测的结果到最后呈现有重要关联。通过岩土工程的现场监测也可以预算出该地段有可能出现的地质灾害，例如，滑坡崩塌等，所以对于监测结果的及时送达就有着硬性要求，因此，必须提高监测结果送达效率。增加工作人员的数量是有效的解决方法，前提是工作人员要严谨认真，具备专业的知识技能，工作效率有一定的硬性要求。确保数据一定精准无误，避免出现伪数据，以免对工程施工造成不必要的影响。但由于手写的监测记录不便保存和修改，所以运用计算机能更好地对于监测结果做出细致且一目了然的结果报告，而且运用计算机会提高送达效率，保证施工人员根据监测结果做出对应的预防措施，避免出现安全事故。

由于岩土工程施工过程中有许多不确定因素，在施工过程中还有关于岩土的挖掘，地下空间的扩展，如果没有科学的现场监测将对民众带来危害，还会对施工地区带来安全隐患。因此，现场监测必须与其同步进行或者提前进行，而且必须要求数据准确，科学严谨。针对不同的地区也应灵活专业地采取不同的监测方法，使监测内容更加有方向和目的呈现出完善的结果。做出具有科学针对性的结果报告，让岩土工程施工更加有合理性的目的和专业化的方法。岩土工程施工与现场监测相辅相成、缺一不可，所以为了保障岩土施工建设的质量，提供岩土工程施工和现场监测的问题以及可供借鉴的应对措施，目的是促进岩土工程的发展，加快我国的现代化建设。

四、勘察现场编录地层岩性描述分析

勘察现场编录是地质工作中基础性工作，在进行勘察现场编录地层岩性描述时，应对各种地层岩性构造、成分、发育状况及其他特征进行描述。以灰岩、白云岩、砂岩、页岩、硅质岩为重点，对勘察现场编录工作中地层岩性描述工作进行分析，并对土及溶洞等描述进行简单探讨。保证勘察现场编录地层岩性描述质量，是实现地质工作质量的重要基础。

（一）勘察现场编录地层岩性描述分析

1. 勘察现场编录灰岩岩性描述

（1）强风化灰岩

强风化灰岩，主要包括泥灰岩、粉砂质灰岩及燧石灰岩，其年代可以划分为三叠纪、二叠纪、石炭纪、泥盆系、奥陶纪，在强风化灰岩勘察现场编录中，其灰岩岩性描述重点在于：表现为什么颜色，具体晶质结构，强风化灰岩度多表现为薄—中—厚层状构造，矿物成分主要包括粉砂质、燧石、方解石，呈现节理裂隙发育，裂隙是否存在充填，方解石脉是否发育，灰岩是否存在溶蚀现象等均应在描述中予以体现。此外，灰岩芯多表现为什么形状，锤击声如何，灰岩岩心采取率是多少，回次 RQD 在哪个范围内，均应一一说明。

（2）弱风化灰岩

弱风化灰岩主要包括泥灰岩，粉砂质灰岩及燧石灰岩，其年代可以划分为三叠纪、二叠纪、石炭纪、泥盆系、奥陶纪，在勘察现场编录地层岩性描述中，应说明呈现颜色，显晶质结构或隐晶质结构，表现是薄—中—厚层状构造，分析矿物成分，如灰岩成分主要为方解石、燧石、粉砂质等，弱风化灰岩是否存在节理裂隙，查看其是否存在方解石脉发育，是否存在溶蚀现象，溶蚀表现形式，弱风化灰岩多表现为长柱状，测量其节长度，记录岩芯采取率是多少及回次范围等。

（3）微风化灰岩

进行勘察现场编录微风化灰岩地层岩性描述，其编录内容应与弱风化灰岩描述内容一致。

2. 勘察现场编录白云岩岩性描述

（1）强风化白云岩

白云岩主要包括粉砂质白云岩及泥质白云岩，其年代划分为三叠纪、石炭纪、泥盆纪、奥陶纪，在勘察现场编录白云岩岩性描述中，应说明强风化白云岩为什么颜色，为隐性或显性晶质结构，其构造表现如何，如薄—中—厚构造，研究白云岩矿物成分，一般白云岩矿物成分主要以白云石及方解石为主，查看其是否存在节理裂隙发育，裂隙是否存在充填，方解石有没有发育等，强风化白云岩呈现为什么形状，其岩芯采取率是多少，回次范围，等等。

（2）弱风化白云岩

在进行勘察现场编示弱风化白云岩岩性描述过程中，要记录其颜色，晶质结构类型，层状构造，矿物成分，等等，白云岩矿物成分主要为白云岩及方解石。在弱风化白云岩中，偶尔存在节理发育现象，察看方解石脉是否发育，是否存在溶蚀现象及溶蚀形式，其岩芯多表现为长柱状，测量其长度并记录，记录岩芯采取率及回次范围。

（3）微风化白云岩

进行勘察现场编录微风化白云岩地层岩性描述，其具体细节与弱风白云岩描述内容一致。

3. 勘察现场编录砂岩岩性描述

（1）强风化砂岩

砂岩主要包括石英砂岩与粉砂岩，其年代可以划分为三叠纪、石炭纪、泥盆纪、奥陶纪，在勘察现场编录强风化砂岩岩性描述时，其重点为：强风化砂岩颜色及结构，一般强风化砂岩为碎屑结构，呈现厚层状构造，研究强风化砂岩矿物组成部分，矿物组成主要包括石英、长石，表现为质胶结，强风化砂岩多表现为岩体节理裂隙发育，在其局部多存在石英脉发育，记录砂岩形状，并测量其最大节长，记录采取率及回次范围。

（2）弱风化砂岩

在描述弱风化砂岩时，其重点为：弱风化砂岩颜色、呈现构造，一般是弱风化砂岩为碎屑结构，多表现为层状构造，其颗粒矿物成分主要为长石与石英，察看其岩芯形状并测量其最大节长，记录岩芯采取样及回次范围。

4. 勘察现场编录页岩岩性描述

页岩主要包括碳质与硅质，其年份划分为三叠纪、二叠纪、石炭纪、泥盆纪、志留纪、奥陶纪，在进行勘察现场编录页岩岩性描述时，应重点记录：页岩呈现颜色，一般页岩多为泥质结构，表现为薄层状构造，在强风化页岩中常存在节理裂隙发育，裂隙是否有充填，在弱风化页岩中偶尔存在风化裂隙。记录页岩岩芯形状并测量其最大节长，记录岩芯采取率及回次范围。

5. 勘察现场编录硅质岩岩性描述

硅质岩年代为二叠纪，在进行勘察现场编录硅质岩岩性描述时，其重点为：记录硅质岩颜色，多表现为灰色，为硅质结构，硅质岩多呈层状构造，硅质岩岩体多存在节理裂隙发育；记录岩芯形状并测量其最大节长，记录岩芯采取率及回次范围。

（二）勘察现场编录土及溶洞描述

在勘察现场编录地层岩性描述时，应对存在的土及溶洞进行描述。针对黏土及亚黏土，应记录其颜色、土壤粒度成分、土壤湿度、土壤包含物、土壤中是否存在卵石、砾石等，其含量如何；针对粉土及亚砂土，应记录土壤颜色、土壤粒度成分、土壤密实度、土壤包含物、土壤夹层及层理等；针对砂土，应记录砂土颜色，记录砂土矿物成分，研究砂土级配状况，估计砂土有无黏性，记录砂土密度与砂土湿度；针对碎石土类，应记录碎石土颜色，研究碎石土壤成分与风化程度，记录碎石土壤粒径范围，描述碎石土壤最大磨圆度及级配，记录碎石土密实度与潮湿度等。在进行溶洞描述时，应重点记录溶洞内是否存在充填，充填性质如何，溶洞是否漏水等。

第七章　岩土勘察技术的发展及应用

第一节　数字化岩土工程勘察技术

一般岩土工程信息，包括地形地貌、地下水位置、断层、底层界面以及各种物探、化探资料，均是直接从野外测量或用于某一工程设计，在工程完成后，这些资料即被置之一旁，即使日后再被利用也只是一些离散数据，技术人员很难直接利用其再去分析工程地质参数的分布规律。而且传统的岩土工程资料分析及解释往往局限于静态的、二维的表达，直观性较差，不能很好地揭示空间变化的规律，也不能满足工程的空间分析要求。因此，随着计算机技术的发展及勘察技术手段的完善，如何有效地采集、存储、管理、利用、交流各岩土工程勘察项目中的基础数据，成为当今岩土工程勘察中的一个重要课题。

一、岩土工程勘察数字化技术及特点

所谓数字化岩土工程勘察，即是应用现代测绘技术、计算机技术、数据库技术、网络通信技术及 CAD 技术，通过计算机及其软件，把一个工程项目的所有信息（勘察、设计、进度、计划、变更等数据）有机集成起来，建立综合的计算机辅助信息流程，使勘察设计的技术手段从手工方式向现代化 CAD 技术转变，做到数据采集信息化、勘察资料处理数字化、硬件系统网络化、图文处理自动化，逐步形成和建立适应多专业、多工种生产的高效益、高柔性、智能化的工程勘察设计体系。该技术体系用系统工程观点，把勘察、设计的图纸、图像、表格、文字等以数字化形式存储，供各专业设计使用，达到快速、高效、准确地应用勘察成果的目的，大幅度降低由于勘察成果的低效使用而引起的设计变更以及其他工程质量问题，有效地节约社会成本资源。

随着科技的进步和发展，岩土工程勘察数字化已成为岩土工程勘察的必然发展方向，建立计算机控制中心进行数字化勘察调控已成为当前岩土工程勘察的基本趋势。岩土工程数字化技术包含现代测绘技术、计算机技术、通信技术、CAD 技术，实现规模化、智能化勘察，岩土工程勘察数字化具有以下特点。

（一）安全性

传统的岩土工程勘察大多是人工作业，很多涉及地下作业，而岩土工程勘察区域大多较为隐蔽，环境复杂，勘察难度大，数字技术应用于岩土工程勘察后，3S 技术等现代技术的应用，能减少人工作业，解放人力，提高勘察的安全性。

（二）动态性

岩土工程勘察数字化，能实现勘察过程、勘察结果的动态监控，通过监测系统、计算机控制中心，对勘察的行为、过程进行数字化控制，实现数据采集、分析、图形图像显示、数据的传输和存储、应用等过程的动态监控，从而极大地提高作业质量、效率。

（三）集群性

岩土工程数字化是集合了计算机技术、通信技术、现代测绘、传统勘察技术等多项技术的综合，是一个智能化的勘察体系，能实现规模化的勘察、规模化的数据采集分析与处理、规模化的图像图形转化等，具有较高的集群性，使用效率较高。

二、岩土工程勘察数字化的应用现状

当前，随着 3S 技术的发展与集成，促使岩土工程勘察进入以数据库为核心的勘察设计一体化产业体系，但值得注意的是，虽然目前计算机辅助设计（CAD）已广泛应用于岩土工程勘察设计中，功能日益完善，但由于种种因素，一部分地区岩土工程勘察数据的数字化程度相对较低，仍存在一些问题，例如，由于部门长期的条块分割，勘察、设计分散作业，加之岩土工程规范制定和新技术、新方法应用的滞后以及专业设置过细，岩土工程本身的特殊性等原因，设计与勘察之间脱钩多；设计人员也因知识的局限，很难深层次地理解岩土工程的勘察信息，因而勘察成果在设计中的转化率较低，造成许多不应有的浪费和损失；数字化地图与数字化设计系统间接口不匹配，不同软件之间数据的传递不够贯通；勘察信息数字化程度低，勘察部门最终提交的勘察报告中以图纸、表格、文字等形式为主，内容上定性描述较多，既造成设计人员对勘察信息难以准确理解，又造成对勘察信息处理、利用上的困难。

以上问题的存在，原因概括起来主要有以下几点。

一是施工现场环境恶劣。勘察工程施工现场多为粉尘、泥浆等不适合高精密电子仪器作业的恶劣环境，客观上限制了 PDA、笔记本电脑及精密电子设备的应用。

二是部分单位采用的传统岩土工程勘察设计软件功能单一。一些单位在勘察数据的统计处理及制表制图方面功能比较完备，但与 CAD 设计软件的接口匹配性低，影响了设计 CAD 的系统效率，有的更未引入 GIS 系统，使每个岩土勘察项目成为孤立的项目单元，材料缺乏共享性，没有相互印证的作用，无法对较大规模的区域内的构造进行总体评估。

三是由于室内资料整理缺乏专业人才，影响了后期资料的整理工作，结果往往是工程结束后，技术人员将资料装盒归档后即束之高阁，导致很多项目的宝贵资料失去了与相邻项目的资料进行对比的价值，技术人员对于计算机的处理水平，尤其是在 GIS 和数据库方面的操作水平有待提高。

三、岩土工程勘察数字化的实现

目前，岩土工程中勘察与设计分离、设计软件功能不完善等问题较为突出，而要解决这些问题，迫切需要建立一体化的体系。所谓一体化，即是将一些分散而多种多样的要素或者单元合并组合成为一个更加完善或者协调的整体，在岩土工程勘察设计中，一体化通常认为是将不同学科结合起来的一种方式，这种方式有助于建立一种全新的分析过程。岩土工程勘察一体化系统主要涉及地理信息系统（GIS）、计算机图形、数据库、地质学、地质统计学、地质建模、Auto CAD 及 Word 自动化等，其特点是勘察、设计各环节使用计算机作业，勘察阶段为设计阶段，上道工序为下道工序以及各专业工种间提供接口数据文件以使数据传递流畅。而要实现岩土工程勘察设计的一体化，首先应该实现岩土工程勘察数字化，岩土工程勘察数字化是实现一体化的先决条件。要实现岩土工程勘察数字化，具体方法如下。

（一）分析岩土工程勘察对象的基本特征

岩土工程勘察对象构造的规模、起因、结构、形态差别较大，但所有复杂的地质构造都能抽象为点、线、面、体四种元素的集合。任何地质对象在空间上都占有一定的范围及位置，有一定的形态和性质特征，且与其他地质对象间存在一定的空间联系。因此，地质对象的基本特征可归结为空间特征、属性特征和空间关系特征三个方面。

（二）分析岩土工程勘察建模的依据

岩土工程地质模型是人们对客观事物认识的精炼和图示化。建模最基本的依据是观点及理论基础。这里推崇岩体岩土工程力学，其核心观点就是岩体，结构面起主导作用，软弱岩层（软岩）起着起始变形与突破的作用。结构面类型较多，形状复杂，不仅有软硬之分，而且有大小之分和分布上的随机性。

（三）明确岩土工程勘察建模的过程

1. 工程变量预测

岩土工程地质建模的主要目的之一就是预测一个或多个工程地质变量的空间变化。在工程地质中，变量则是地层、构造、断层等的空间分布特征及其物理力学性质；在污染评价中，变量是土壤或地下水的污染程度；在矿产评价中，变量是矿石品位；在地下水研究中，变量是水动力参数，如水流速度。对某些研究区域的相关地质变量由于不可能进行连续的测量，往往取一些有代表性的点，然后再利用各种不同的预测技术，推测出整个研究区域的该地质变量的空间变化规律。

2. 岩土工程地质特征解释

一般包含条件化及离散化两方面，即以岩性或岩土类型等控制特征为条件，将工程地质信息进行离散化，从而确定工程地质边界和相关特征描述。

（四）基于GIS的岩土工程勘察数字化技术的实现

1. 岩土工程勘察数据库的概念模型设计

岩土工程勘察数据库管理作为岩土工程勘察数字化系统的一项基础工作，是一个数据密集、处理复杂问题的数据库应用，为了能获得反映信息世界的概念性数据模型，将与实体和联系相关的功能与行为剥离出来，仅从现实世界中实体的数据侧面建立模型即研究数据对象与属性及其关系，并在此基础上建立相对应的数据库表结构。

2. 数据库建立实现

岩土工程一体化系统的数据有三类：用户输入的原始数据、系统生成的中间数据及最终数据。原始数据由测点数据组成，而测点数据又由测点几何属性数据（位置）和测点信息属性数据；中间数据包括根据原始数据系统自动生成的地层层面等值线模型、三维表面模型、剖面模型等，根据这些模型可以生成用户需要的各种图件，还可以进行各种信息查询操作；最终数据种类繁多，主要是根据用户需要由中间数据生成，包括图形资料和文档资料（如地质勘察报告等）。

四、岩土工程勘察中物探技术及数字化的发展趋势

工程物探是在岩土勘察中应用十分广泛的一种物理探查手段，勘察方法就是以地下物理性差异作为主要的依据，借助专业化的设备仪器，在形成物理场变化的情况下，对地下物质的分布进行明确。在工程物探的支持下，岩土物性参数可以得到确定，并解决工程建设中的一些地质方面的问题。在工程领域，工程物探是非常先进的技术，要运用很多新型的设备以及仪器，在复杂地质情况下，也可以取得一定的勘察效果，因此，在工程中的应用逐渐广泛。

（一）工程物探技术在岩土工程勘察中的应用流程

1. 工作布置

以某大桥施工的线路布置为例展开分析，在工程中对工程物探展开应用，在探头开始展开对地质的物理性勘察前，需要对高密度电法中的设备以及材料展开布置，布置一定的电极线路以及少量的平行轴，线路间要保持合理的测线间距。在这种情况下，要布置一些近垂线桥抽，并准备适当的电极剖面线。在桥面对立的位置，要布设电极剖面，可以用来对人工物理场进行勘察。在工程物探正式勘察之前，各类工作的布置是至关重要的。

2. 钻探验证

在钻探验证之前，要将钻探深度加以明确，结合实验的结构以及初期结果方面的技术要求，现场的终孔深度，需要优先对设计深度进行考虑，并结合工程的实际情况，对探查深度进行适当调整。在工程物探开展中，要结合钻探揭露岩体的具体情况，对钻探深度展开适当剖析。工程项目的情况不同，勘察的深度也是有所差别的，做好钻孔之后，要结合

钻头的具体类型，做好钻头的分类养护，并运用适当的防护措施，让钻孔保持清洁，让工程物探可以顺利开展。在很多的工程物探中，要用到电磁波钻孔。在钻孔下行区，要布设适当的 PVC 管道，为钻孔的开展提供基本环境。

3. 现场试验

在工程物探的开展中，土样勘察是首先应当采取的措施，多数的工程建设中，土质问题也是最先要考虑的，建筑工程对土质要求是十分严格的，各类土质的现场分布、土壤的疏松度以及土壤承载力，这些是有一定的标准。其次，是岩样展示的过程，对于工程中采集到的岩样，要展开物理学实验，确定岩样的力学性质，保证岩样承载力以及品质。还有就是现场水样的实验，在现场进行水样采集，最后对水质情况进行检测，勘察地表以及深处含水量。若是在桥梁建设中，河水也是要接受取样的，成功取样后展开分析，确定水资源的情况。在工程物探现场勘察中，要积极发挥工程物探的优势，借助先进的设备，对水文地质的情况展开严格分析，让岩土勘察取得更加详细且全面的数据资料，成为工程设计以及建设的重要依据。现阶段岩土检测通常是在岩土施工后，让岩土工程达到要求，其主要是为了保证岩土工程的可靠性以及稳定性。

因此，工程物探的运营，可以作为质量控制的重要参考依据，可以运用大面积检查或抽样调查，让岩土施工避免出现质量方面的问题。

4. 地质雷达技术

现阶段在工程领域，地质雷达得到广泛应用，前景是非常好的。在对地质雷电的实际应用中，一方面勘察的深度是比较有限的，因此，地质雷达要在不断提升自身质量的情况下，在分辨率以及成功率方面，也要进行提升，此外是地质雷达容易受到各类因素的干扰。因此，在地质雷达的实际应用中，要避免其他的因素，比如，金属体，对勘察过程造成影响，要不断展开研究，避免各类因素对工程物探造成影响。

在工程物探中，地质雷达是非常重要的技术，对地质雷达展开应用，还是有着不错的前景的，可以对岩土地质的情况展开详细的分析。

5. 高密度电法

在工程地下土质以及其他物质的勘察中，这些物质含有电解质是不同的，因为不同介质含量的探查需求，运用了高密度电法。在工程物探的开展中，勘察人员需要对现场进行适当的电力施加，然后在相关设备以及仪器的支持下，对地下电流展开检测。并结合各个地区的传导电流实际分布情况，对岩土的性质进行确定，并对地下电流展开严格的分析和检测，从而对地下电场展开适当的分析以及应用，将地表电阻率进行准确计算，对岩土性质展开判断。在工程物探中，高密度电法也是非常关键的手段，采取的原理是比较简单的，但是有了高密度电法的支持，岩土勘察取得的数据就会更加精准，能为工程建设的顺利开展做好准备，提升工程物探的实际效果。

（二）工程物探技术在岩土工程勘察中的应用

在岩土工程里，物探技术的使用范围相对广泛，关键使用在下面几个部分。

1. 界面划分

依靠物探技术对界面进行划分，可以深入勘探地区的地质组成成分，同时能够对大多不良体的地质界面进行精准划分。比如说，在某桥梁工程选址过程中，想要进一步了解当地的地质情况，应用了浅孔低药量的炸药震源，同时依靠相关多道瞬态瑞雷波法，对地质构造情况进行勘察，深入了解当地的地质情况，给桥梁的选址打好基础。

2. 形态判断

就岩土工程来说，其是依靠工程物探技术，对地下形态进行研究的形式，关键包含地下物体形态、地下物体埋藏深度以及地下界面形态等。在对某长江岸边工程进行勘察的过程中，勘察人员是依靠相关探地雷达法，来对当地的地质情况进行勘察的，而探地雷达关键是依靠各种地质结构反射的雷达波不同，来对不同地质结构进行勘察的，在此工程勘察的过程中，底层上方是将砂土作为中心，砂土层下方是将杂填土作为中心，在探测地经过中，检测到的雷达波同轴含有明显的不连续性，如此能够看出，填土层里含有较多的碎石。

3. 参数测试

在进行岩土工程勘察的过程中，依靠相关的物探技术，可以对工程的整体范围进行详细的勘察，进而给工程的施工奠定基础，保证施工能够顺利实施。

4. 质量检测

在对岩土工程进行施工的经过中，大多数项目均是隐蔽工程，大多情况下，在结束施工之后想要依靠常规方式来对工程质量进行检测是非常不容易的。然而，工程物探测技术可以对相对隐蔽的工程质量，进行详细的检测，从而确保工程施工质量达标。在某电厂扩建施工的经过中，对项目所在地原本的地貌进行完善，若想保证项目施工的质量，必须对工程地基的安全性进行检测。

（三）工程物探技术在岩土工程中的未来趋势

工程物探技术目前广泛应用于国内外的岩土工程，并且发展潜力比较大。之所以工程物探技术得以发展，其中很大一部分原因是其工作效率高，测量精度高并且成本较低等。并且互联网技术的蓬勃发展，为工程物探技术的发展提供了坚实基础。就目前而言，在岩土工程中，工程物探技术主要应用在以下几个方面。

1. 地震波层析成像技术

地震波层析成像技术属于目前世界上比较先进的技术之一，该技术主要利用的是浅层地震仪来对地质进行勘探。这种技术的优点在于，其不仅可以精确地排查出地表存在的障碍，还可以全方位多层次地分析地质中的风化层。地震波层析成像技术的缺点在于电缆长度以及钻井的深度都是有限的，这两种因素也极大地阻碍了地震波层析成像技术的进一步发展。这是因为若想探测更深的地质结构，就必须增加钻井的深度，就要增加电缆的程度。而随着电缆长度的增加，信号的稳定性就会降低，从而影响图像的质量，最终影响探测的精度。最近几年来，由于各种技术的不断发展，对于地震波层析成像技术的影响也随之减小，地震波层析成像技术的发展潜力也越来越大。

2. 地质雷达

地质雷达一般主要应用于隧道工程的地质勘探中，而由于地质雷达技术的不断发展，工程的勘探效率以及精度都得到了很大增强。但是经过多年的实际应用，我们发现地质雷达技术的探测深度仍没有达到预期效果，并且工作的稳定性比较低，容易受到金属物质的影响。

3. 隧道地震勘探法

TSP 测量系统属于一类优化系统，其包含两部分：一部分是硬件测量系统，另一部分是软件测量系统，它是依靠高灵敏度地震波接收器，对各种反射波进行收集，从而对反射界面的详细信息进行充分了解，再联合地质的详细状况，对造成施工断层以及岩石破碎现象的因素进行预测的。最近几年中，隧道地震勘探法属于一种新兴技术，在隧道工程施工的过程中应用普遍。近期，在煤矿井下断层的探测过程中，使用力度也逐渐加大，获得了较好的勘察成效。

（四）对工程物探技术的细节应用分析

对于工程物探工作而言，至关重要的一环是采集野外的工程物探数据。所以对工程师来说，最重要的工作莫过于对采集好的数据进行整理、研究以及分析等。其中岩土工程师主要是针对岩土问题进行研究分析，然后得出具体的实施方案，实施方案对于整体工程的质量来说是十分重要的，其严重影响着整体结构的安全性。所以说，工程对于岩土工程师的要求是十分严格的，要求他们有深厚的知识基础以及相应的实践操作经验。

举例而言，用弹性波勘探方法分析工程物探资料。研究的主要任务是快速准确地分离出研究所不需要的干扰波，而存留下工程所需要的弹性波。从理论层面出发，这一问题可以利用技术得到很好的解决，但是从实际操作结果来看，这种方法具有一定的局限性，干扰波是不可能被完全消除的，并且有一些数据的真实性也比较差。所以，工程师要在许多测试结果中，鉴别出真实和虚假的数据以及尽可能地分离出有效波以及干扰波，这就要求工程师要有实践操作的具体经验，才能正确地处理所有情况。

此外，由于物探方法具有多解性的特点，所以在得出具体结论之前，还要进行测试比较以及验证等。要对不同的解释进行实际的实验分析，目的是得出更加正确的结果。举例来说，对于底层界面的区分来说，主要是根据弹性波在岩土的传播速度进行判断的，这种方法是常用的区分方法。而弹性波本身的速度可以反映出岩土的力学性质，但是由于有些不同地质的力学性质有可能是相似的。所以有很大的可能会被归为一类，造成这种现象的主要原因是两个不同的地质连接比较紧密。而这种情况一旦发生，就会对最后的研究结果造成很大影响，从而很有可能出现研究结果同实际结果出现很大误差的情况。

第二节 岩土工程数字化建模方法

岩土工程地质勘察是工程设计的先决条件，但传统的岩土工程地质勘察资料一般都局限于二维、静态的表达，这种表达描述场地地质空间构造起伏变化的直观性差，不能充分揭示场地地质空间变化的规律，难以使人们直接、准确、完整地理解和感受场地土的物理力学性质变化情况，也越来越不能满足岩土工程的空间分析要求，因此，不能很好地服务于工程设计。如何突破传统岩土工程勘察的技术缺陷，如何利用岩土工程勘察资料来推断场地土的区域分布规律，如何利用岩土工程勘察资料来预测场地土的岩土工程性质，是岩土工程界一个古老而又有新意的问题。岩土工程地质勘察数字化主要解决的是岩土工程勘察中场地方域的数字化、场地物性指标的数字化、场地地层的数字化和岩土工程勘察数据库的设计。

一、场地方域的数字化——地理信息系统

地理信息系统（Geographical Information System，GIS）是一门集计算机科学、信息科学、地理学等多门学科为一体的新兴学科，它是在计算机软件和硬件系统的支持下，运用系统工程和信息科学的理论，科学管理和综合分析具有空间内涵的地理数据，以提供对规划、管理、决策和研究所需信息的空间信息系统。一个典型的 GIS 系统应包括四个基本组成部分：计算机系统（硬件、软件）、空间数据库系统、应用人员与组织机构和应用模型。

（一）地理信息系统的功能与应用

作为地理信息自动处理和分析系统，地理信息系统的功能与应用贯穿数据采集、分析、决策应用的全部过程，具体可概括为以下几个方面。

1. 数据采集与编辑

即在数据处理系统中将系统外部原始数据传输给系统内部，主要用于获取数据，保证系统数据库中的数据在内容与空间方面的完整性、数据值逻辑一致性等。目前可用于地理信息系统数据采集的方法和技术很多，如跟踪数字化、扫描数字化、遥感等。

2. 数据操作

包括数据的格式化、转换、概化。数据的格式化是指不同数据结构的数据间变换；数据转换包括格式转换（如矢、栅格式的转换）、数据比例尺的变换、投影变换等；数据概化包括数据平滑、特征集结等。

3. 数据的存储与组织

这是一个数据继承的过程，也是建立地理信息系统数据库的关键步骤，涉及空间数据

和属性数据的组织，其关键是如何将二者融为一体。

4. 查询、检索、统计、计算功能

这是地理信息系统应当具备的最基本的分析功能。

5. 空间分析功能

这是地理信息系统的核心功能，也是地理信息系统与其他计算机信息系统的根本区别，地理信息系统的空间分析可分为三个不同层次。一是空间检索，包括从空间位置检索空间实体及其属性和从属性条件集检索到空间实体。二是空间拓扑叠加分析，空间拓扑叠加实现了输入特征属性的合并以及特征属性在空间上的连接。三是空间模拟分析，包括外部的空间模拟分析（将地理信息系统作为一个通用的空间数据库，而空间模拟分析功能则借助于其他软件）、内部的空间模拟分析（利用地理信息系统软件来提供空间分析模块）和混合型的空间模拟分析（尽可能利用地理信息系统所提供的功能，同时充分发挥地理信息系统使用者的能动性）。

6. 输出功能

以报表、图形、地图等形式显示输出全部或部分数据。

（二）地理信息系统在岩土工程勘察中的应用

岩土工程勘察设计一体化系统与地理信息系统虽属于两个不同研究领域，但岩土的工程力学性质具有地理信息的属性，即二者之间存在着一个重要的相似之处：它们都蕴含着与空间坐标有关的信息。岩土工程勘察设计一体化侧重于在空间信息基础上进行设计并对设计结果做出分析、评价和决策。它离不开全面的空间信息的支持。而地理信息系统侧重于对各种空间信息的采集、管理和分析。如将地理信息系统技术，应用于岩土工程勘察设计，利用 GIS 强大的数据采集、管理能力和空间查询、空间分析能力，对岩土工程勘察、设计、施工中获取的大量的、形式多样的信息进行有效的管理和分析，并为设计方案的生成、分析、评价和决策提供全面的信息支持，这将为岩土工程勘察设计走向一体化开辟一条有效途径。将地理信息技术用于岩土工程勘察设计，与传统的岩土工程勘察设计技术相比，具有以下优势。

地理信息系统强大的数据采集和数据处理能力，使岩土工程勘察数据来源更加广泛，数据采集质量更高、速度更快。

勘察设计数据具有内容上的复杂性和形式上的多样性等特点，传统的勘察设计系统对其处理显得无能为力。能够描述和表达复杂的空间实体且对于图形、图像数据和属性数据高度集成的地理信息系统数据库，为全面管理勘察设计信息提供了可能，从而为建立完善的专业设计模型、分析模型、评价和辅助决策模型提供了全面的信息支持。

GIS 空间分析功能，如拓扑叠加、缓冲区分析、数字地形分析等，为建立完善的专业设计、分析、评价、辅助决策模型提供了强有力的分析工具。

GIS 强大的可视化操作能力，为岩土工程勘察提供一个可视化操作平台。

二、场地地层的数字化——岩土工程建模

所谓模型，就是根据实物、设计图、构想，按比例、生态或主要特征（属性）做成相似的物体或图件，用以显示、展示、揭示一类事物和问题。在岩土工程学科中，岩土工程地质模型，就是依据工程性状，将重要的岩土工程条件，亦可称要素，按实际状态，简明醒目地用图形表示出来。简言之，即工程与地质条件相互依存关系的图示。这种地质与工程结合形式——模型，能较好地解决了地质与工程的脱节，便于设计人员充分认识与真正应用好岩土工程工作成果，它深化了岩土工程条件的研究，更抓住了影响工程岩土变形或破坏的关键条件，与此同时，还促进了地质与工程结合后的岩土变形规律、效应与法则的理性化，在理论与实用两方面均会得到实质性进展。

（一）岩土工程地质模型的特点

1. 确定性

岩土工程地质模型的应用特点是针对工程所涉岩土实体，它一般表现为场地或地基。岩土工程工作者解释研究的对象是确定的岩体，相应地，它的地质模型应具有确定性，不应当只局限在有限的剖面上。

2. 可视性

可以有多种方式对岩土工程地质模型进行可视化表述，常见的有以下 5 种。

（1）三维景观方式

它允许人们从不同角度、不同方位、不同距离观看三维工程地质模型的表面。为了增强模型的真实感，还要加上光照、纹理等效果，给人以逼真的感觉，但它还是只能看到模型表面。

（2）掀盖层三维景观方式

在三维景观方式的基础上，想象掀开上覆的盖层看到下伏工程地质界面，其实是第一种方式的变形。

（3）透视三维景观方式

假象穿透地质体的一些部分，看到内部的工程地质界面，这也可以看作掀盖层三维景观方式的一种变形。

（4）切面方式

假象切开工程地质模型，看到地质模型内部的水平或垂直切面上的地质构造形态，由于在二维切面上能方便地进行量算、修改等操作，还可以采用平行切出一系列切片的方式来形象地反映工程地质模型的内部结构，因而它是用二维方式来表达三维模型内部结构的一种理想方式，地质工作中常用的剖面图就是这种方式的原型。在三维模型的支持下，用切面方式能产生很好的二维与三维联动效果，即在二维剖面上的修改将影响到三维模型的形态。

（5）投影等值线方式

将工程地质界面的等高线或界面交线垂直地投影到水平面上形成等值线图，地震勘探层位构造图、矿床标高或厚度等值线图等就是投影方式的原型。使用者可以根据工程地质界面的等高线图对工程地质界面的空间形态精准把握，因此，该方法是传统的用二维方式表达三维模型的重要方式之一。

3. 可修改性

要求工程地质模型具有可修改性是基于以下原因：一是由于勘探的实施获取了新的数据资料，需要对已经建立的地质模型进行细化；二是随着研究的深入，岩土工程师对地质模型有了新的认识，需要修改地质模型；三是利用已建立的地质模型指导进一步的勘探工作，可修改性使人们能对地质模型进行修改和处理，使设想中的东西变成虚拟现实。

（二）岩土工程地质建模的实现方法

岩土工程地质建模的方法目前采用的主要有表面模型法，表面模型法（也叫数字表面模型）的历史较早，它的基本内容就是通过精确表示出工程地质体的外表面来表示均质地质体的建模方法，也是目前广泛应用的建模方法。

表面模型法的数据来源是通过测点获得的一系列离散的测点资料，包括测点的几何特征数据和属性特征数据。然后，利用数据解释结果重构地质体界面，可以抽象为把一系列同属性的点按照一定的规则连接起来，构成网状曲面片，进而确定整个地质体的空间属性，有很多方法用来表示表面，常用的方法主要有数学模型法和图示模型法。

常用的图示模型法有边界表示法、规则格网法、等值线法、不规则格网法等。

1. 边界表示法

通过面、线、点等简单几何元素的属性来表示工程地质体的位置、形状、属性，这种方法用来表示简单物体时十分有效。但对于很不规则的地质实体来说则很不方便，只有在降低精度要求的情况下，才可以采用。

2. 规则格网法（Grid）规则网格

通常是正方形，也可以是矩形、三角形等规则网格。规则网格将区域空间切分为规则的格网单元，每个格网单元对应一个数值。数学上可以表示为一个矩阵，在计算机实现中则是一个二维数组，每个格网单元或数组的一个元素，对应一个属性值。

3. 等值线模型

等值线通常被存成一个有序的坐标点对序列，可以认为是一条带有属性值的简单多边形或多边形弧段。由于等值线模型只表达了区域的部分属性值，往往需要一种插值方法来计算落在等值线外的其他点的属性值，又因为这些点是落在两条等值线包围的区域内，所以，通常只使用外包的两条等值线的属性值进行插值。

4. 不规则格网法（TIN）

TIN 模型根据区域内有限个点将区域划分为相连的三角面网络，区域中任意点落在三角面的顶点、边上或三角形内。如果任意点不在顶点上，则该点的数字属性值通常通过线性插值的方法得到（在边上用边的两个顶点的高程，在三角形内则用三个顶点的高程）。所以，TIN 是一个三维空间的分段线性模型，在整个区域内连续但不可微。

三、岩土工程勘察数据库的建设

岩土工程勘察数据具有多元性和空间性的特点，常规关系数据库技术已不能满足人们对这些数据处理的需要，并且岩土工程勘察数据显著的空间特征和复杂的结构属性，使岩土工程勘察成为计算机科学可视化的一个既非常重要又十分复杂的应用领域。如何有效地在数据库系统的基础上利用计算机技术实现岩土工程勘察数据的时空分析，并开展定量结构刻画和空间建模，是摆在当今岩土工程勘察工作者面前的一道难题。

值得庆幸的是，随着计算机信息处理技术的飞速进步而迅猛发展起来的地理信息系统（GIS）技术，集计算机科学、地理学、地图学、计算机图形学、测绘学、遥感学、环境科学、空间科学、信息科学、管理科学以及数据库技术于一体，以其对空间地理数据强大的储存查询和分析处理功能，鲜明地区别于普通管理信息系统，它将空间数据处理、属性数据处理、空间分析与模型分析等技术与计算机技术紧密结合起来，展示了极强的空间表现力，它能对复杂的地球空间数据进行采集、储存、分类、检索查询、刻画表述、分析建模，从而为我们开展相关研究提供了一个不可多得的、多学科集成的基础平台。

因此，建立以处理空间数据为特征的岩土工程勘察数据库系统和高效、快捷的岩土工程勘察数据进行采集、储存、分类、检索查询、刻画表述、分析建模等功能的 GIS 平台是完全可以实现的。

（一）基于 GIS 的岩土工程勘察数据库的建设

地理信息系统集数据库、制图、空间分析功能为一体，它的出现为地质领域繁杂的数据管理、多源的成果表达形式和空间数据分析提供了快速、方便、准确的手段。建立正确有效的信息数据库无疑是地质数据分析、研究的重要基础，一个高质量的数据库系统将使系统的功能得到最大限度的发挥。

1. 岩土工程勘察

岩土工程勘察信息处理系统是一个信息处理系统，信息或数据及其作用在信息或数据之上的处理是系统需求分析的主要任务，即要弄清需要有哪些数据，数据之间有何联系，数据本身有何性质，数据的结构和应对数据进行哪些处理，每个处理有什么逻辑功能。因此，为了把用户的数据要求明确表达出来，首先在较高的抽象层面上，使用一种面向问题的数据模型（概念性数据模型），按照用户的观点来对数据和信息建模。

2. 数据库建立

实现岩土工程一体化系统的数据分为三类：用户输入的原始数据、系统生成的中间数据及最终数据。原始数据由测点数据组成，而测点数据又由测点几何属性数据（位置）和测点信息属性数据（地层厚度、地层顶面标高、含水率、孔隙度、抗压强度等物性参数）。中间数据包括根据原始数据系统自动生成的地层层面等值线模型、三维表面模型、剖面模型等，根据这些模型可以生成用户所需要的各种图件，还可以进行各种信息查询操作。最终数据种类繁多，主要是根据用户需要由中间数据生成，包括图形资料（如单孔柱状图、连线剖面图等）和文档资料（如地质勘察报告等）。由于岩土工程的复杂关系，对于岩土工程的数据库管理必须严格遵循时间序列，即遵循“原始数据—中间数据—最终数据”的关系。

（二）基于 GIS 的岩土工程数据库的主要功能

1. 数据输入

数据输入的时候关键是需要注意数据有效性检验和规范化处理，确保进库数据满足实际需要的精度和误差范围。

2. 数据库检索

某一实体的信息包括空间位置数据和属性数据两部分，相应地，数据库检索就可以依据实体的空间位置检索或依据实体属性进行检索。空间检索包括“图示点检索”“图示矩形检索”和“区域检索”，而“条件检索”和“交叉条件检索”则属于属性检索，利用数据库检索这一功能检索和提取数据中的地质信息。

3. 空间分析

空间分析包括以下三项内容。

（1）叠加分析

包括区对区叠加分析、区对线叠加分析、区对点叠加分析、点对线叠加分析等。

（2）缓冲区（Buffer）分析

包括点缓冲区分析、线缓冲区分析、区缓冲区分析。

（3）多层立体叠加。

4. 属性分析

包括为单属性统计分析、单属性累计直方图、单属性累计频率直方图、单属性分类统计、单属性基本初等函数变换、双属性累计直方图、双属性累计频率直方图、双属性分类统计、双属性四则运算等。

5. 数据输出

数据库中单表、双表、多表的单项数据、双项数据、多项数据的单向和多向输出和多组合输出。这项功能的完成有赖于上述各项任务的完成程度，其目的是使用数据库中装载的数据来完成某项任务或为某项任务提供数据。

四、岩土工程数字孪生技术

近年来，随着社会经济的发展与城市化进程的加快，我国正经历着世界历史上规模最大、速度最快的城镇化进程。城市轨道交通、高速铁路、高速公路、地下管廊等工程迅猛推进，基础设施建设规模呈跨越式发展，给岩土工程提出了更高要求，催生精细化管理，促进信息化建设，推动数据量爆发式增长。大型岩土工程具有投资规模大、建设周期长、风险性高、隐蔽性强、施工环境复杂等特点，传统项目管理模式和技术手段难以满足现代岩土工程信息化发展的需求，造成数据孤立化、信息孤岛化、模型多元化、应用离散化等突出问题，迫切需要研究和利用新的信息技术，推动智慧建造，提升管理水平。

当今世界面临百年未有之大变局，以云计算、大数据、物联网、人工智能、区块链、数字孪生（Digital Twin）为代表的新一代信息技术推动新一轮产业变革，人类正在进入一个以数字化为中心的全新阶段。岩土工程建设应当抓住机遇，不断推进其高质量发展，提升自主创新能力和尖端技术应用能力。数字孪生技术是实现信息物理融合的有效手段，通过数据和模型双驱动，构建虚拟模型反映真实物理世界中实体的全生命周期状态，实现全过程仿真、预测、监控和优化。为应对岩土工程面临的地质条件多样化和建设环境复杂化的挑战，满足勘察数字化、设计交互化、建造虚拟化、决策智能化、监控网络化、性能优越化的发展需求，迫切需要将数字孪生技术引入岩土工程领域。创建岩土工程数字孪生模型，建设虚实相结合的数字孪生环境，发展岩土工程数字孪生核心技术体系，实现岩土工程数字化设计、协同化建造、动态化分析、可视化决策和透明化管理，有效提升岩土工程建设管理水平，深化岩土工程数字化转型升级，具有巨大的发展潜力和广阔的应用前景。

（一）岩土工程数字孪生技术的发展现状

数字孪生起源于工业制造领域，随着三维建模、虚拟现实、计算仿真、物联网、大数据等关键技术的交叉融合而发展壮大。三维模型作为连接物理实体与虚拟实体的入口，是建立数字孪生体的基础和关键所在。在岩土工程领域，三维地质建模技术运用地质统计学、空间分析和预测技术构建地质体空间模型，并进行地质解释。在建筑工程领域，Building Information Modeling 是创建和使用三维建筑信息模型的数字化技术与工具，通过国际通用的、开放的数据标准 Industry Foundation Classes，集成建筑工程项目的各类信息，构建三维数字化模型，应用于建筑规划设计、施工建造和运营管理的各个阶段，实现不同专业之间的协同作业。BIM 技术在建筑工程行业的成功经验带给我们一定的启示，结合 BIM 技术和三维地质建模技术，用于岩土工程数字孪生模型的构建，实现虚实空间协作运转，全面提升岩土工程信息的集成与共享水平，或许能够探索出一条岩土工程数字化建设的新路径，开辟一种岩土工程信息化的创新性实践模式。

1. 数字孪生

随着工业 4.0 相关战略的不断出台，数字孪生技术得到各方的普遍关注。国内对数字孪生的研究取得了丰富成果，北航研究团队提出了数字孪生五维模型，从物理实体、虚拟实体、服务、孪生数据以及连接五个层面阐述了数字孪生模型的组成架构和应用准则。北京理工团队结合数字孪生发展背景，提出了产品数字孪生体的内涵以及体系结构，丰富了数字孪生技术的概念。

数字孪生是在新一代信息技术与制造业深度融合、推动制造业生产方式向数字化和智能化方向加速迈进的时代背景下诞生的，通过不断创新，逐步成为新一轮科技革命中各行各业特别是制造业加快数字化转型的重要驱动力量。

数字孪生以数字化方式创建物理实体的虚拟模型，在虚拟空间中完成与真实世界的映射，构建平行世界，是一个对物理世界进行数字化解构并在虚拟世界进行数字化重构的过程。数字孪生以数据为纽带实现信息和物理系统的系统集成，以控制算法与模型为核心实现虚实实体间的知识交互与迭代优化。因此，数字孪生落地的关键是“数据 + 模型”。模型是数字孪生的重要组成部分，是实现数字孪生功能的重要前提。

相对制造业而言，岩土工程领域中的数字孪生技术研究还比较少，尚属一片“新领地”“无人区”。因此，结合岩土工程特点，引入数字孪生技术，聚焦岩土工程数字孪生模型的构建，推动岩土数字孪生体的专业化应用，探索新型岩土工程数字化建设路径和实践模式，还有大量细致的工作需要开展，更需要在理论上有所创新，技术上有所突破。

2. 三维地质建模

岩土工程既是建筑工程，又是地质工程。岩土工程中两个核心要素是地质体与工程结构体，两者交融共生，相依相存，相克相制，相互作用，相互影响。地质体既是岩土工程结构体的载体，又是岩土工程施工改造的对象；工程结构体对地质体进行补强加固和支撑保护。岩土工程信息化的发展与三维地质建模技术的发展相辅相成，岩土工程中的三维地质建模技术的发展促进了岩土工程信息化，岩土工程信息化日益增长的需求推动着三维地质建模技术的进步。

然而，现有岩土工程中的三维地质模型更多应用于可视化，不能和岩土工程结构模型进行深入融合和有机协作，难以发挥三维地质模型的利用价值和作用。因此，基于数字孪生理念，考虑三维地质体与工程结构体的特点，深化理论认知水平，探索几何拓扑一致的数据模型，设计数据融合共享机制，发展三维地质体与工程结构体的自洽整合算法，实现岩土工程耦联体的数据联动、模型协动、虚实互动，构建岩土数字孪生体的系统底层架构和基础数据体系，是岩土数字孪生模型研究中亟待解决的理论问题。

3. BIM 技术

BIM 是一种创新理念与方法，自提出以来已席卷全球工程建设行业，引发工程建设领域的第二次数字革命，推动建筑相关行业转型升级。

BIM 技术以三维数字技术为基础，构建数据化、智能化建筑信息模型，应用于工程的全生命周期，有效地实现各专业之间的协同设计和各工种之间的协同作业，提高工作效率，降低施工风险，在建筑工程领域已经得到了广泛的应用并取得了巨大成功。

近年来，BIM 技术在隧道工程、基坑工程、水电工程等岩土工程相关行业中也得到了快速的应用，有效地促进了岩土工程信息化的发展。

（二）未来研究方向

1. 岩土工程数字孪生理论与方法

数字孪生的主要理论渊源和基础是：系统工程及系统建模与仿真理论、现代控制理论、模式识别理论、计算机图形学和数据科学。从岩土工程视角来看，针对地质体建模的不确定性，有必要引入土性随机场理论，客观模拟地层边界和土性参数的空间变异性，建立准确反映自然规律的三维地质模型；针对三维地质模型和结构模型的集成共享难题，更迫切需要发展“双核一体”理论，即以复杂地质体与工程结构体为核心要素，以岩土工程耦联体为关键主体，以耦联拓扑数据模型为底层数据结构，构建由三维地质体模型与工程结构体模型一体化集成的工程耦联体模型，实现工程地质体模型与工程结构体模型一体化，形成面向岩土工程数字孪生技术的“双核一体”理论。

土性随机场理论为表征地层界面和地质结构的不确定性、土性参数的空间变异性提供理论方法，为应用地质数字孪生体推演分析复杂条件下的岩土工程性能演化规律、提升机理认知水平提供坚实的基础和技术支撑。“双核一体”理论以新型拓扑数据模型为底层数据结构，解决的质体模型和工程结构体模型的差异与不兼容难题；以 IFC 标准作为数据信息交换的标准体系，构建统一的岩土工程数字孪生模型基础数据体系；以 BIM 技术作为基础数据信息载体，应用 BIM 技术构建岩土工程数字孪生模型。土性随机场理论和“双核一体”理论为岩土工程数字孪生体的构建奠定理论基础，提供理论指导，支撑岩土工程数字孪生模型实现数据管理、模型表达、仿真模拟、情景推演、智能预测、决策自治等应用。

2. 基于 IFC 标准的岩土工程数据结构扩展

在双核一体理论基础上，如何实现模型数据的集成与共享是一个亟待解决的难题。考虑到 BIM 技术中的 IFC 标准可以用于表达模型全生命周期的数据信息，而且是国际通用、中立的数据标准。因此，基于双核一体理念，遵循 IFC 标准，利用其良好的可扩展性，设计面向岩土工程数字孪生模型的数据结构和空间数据组织，定义模型对象的拓扑关系，建立岩土工程数字孪生体的语义数据表达和模型数据体系架构，是未来岩土工程数据融合和扩展的重点研究内容。

对三维地质体和工程结构体数据模型进行统一定义和表达，支持两类模型融合的几何解析和拓扑重构，可以有效地克服地质体和结构体模型数据来源存在的壁垒，实现岩土工程数据融合，以此作为实现岩土工程数字孪生建模的基础。

3. 设计施工一体化，统一 BIM 模型构建

考虑三维地质体和工程结构体模型对象特征的独特性，针对统一的数据结构，采用离散数学和连续数学相结合的方法，形成以 BIM 技术为支撑的岩土工程核心要素建模方法和岩土工程数字孪生体构建关键技术，尽可能地保证地质体模型和结构体模型能准确表达对象特征。

以设计施工 BIM 信息模型构建技术为突破点，发展自洽整合算法，实现地质体和结构体模型的一体化集成，从技术层面解决三维地质体和工程结构体两类模型的融合集成，以实现岩土工程规划、设计、施工、运营一体化管控，将成为未来的重点研究方向。

4. 设计施工协同仿真计算

基于三维地质体和工程结构体的一体化 BIM 模型，以 BIM 模型的仿真计算为驱动，发展面向数值计算的 BIM 模型网格剖分技术，建立 BIM 模型的数值计算功能实现方法，是发挥和深化专业计算分析在岩土工程数字孪生模型中重要作用的前提条件，也是未来亟待深化加强的研究方向。

在勘察阶段引入三维地质模型，在设计阶段引入工程结构模型，并通过地质模型和工程结构模型之间的自洽整合，进行力学分析，指导岩土工程设计。在施工阶段，通过仿真模拟，高保真地还原物理模型变化规律，分析岩土工程复杂环境下的静动力学响应，实现真实世界中物理模型的动态重构、过程模拟和推演分析，预测地质体—结构体的回馈机制和演化规律，指导施工。

5. 多维度势联网感知与数据融合

安全监测是岩土工程全生命周期中不可或缺的重要手段，通过获取和融合不同类型的监测数据，分析和预测岩土工程健康状况和演化特征，监控风险，动态调整，防患于未然，是保证岩土工程安全建设、正常运行的必要措施。先进的物联网技术以实时、数字化的方式收集数据和融合信息，提升监测质量和预警能力，是沟通物理世界与虚拟世界的桥梁，在监测领域发挥着重要作用。构建岩土工程数字孪生模型，在虚拟世界中监控物理世界的变化，数据的及时采集和获取离不开物联网技术的支撑。因此，为了保证对岩土工程施工、建造和运维各个阶段的全面管控，需要利用物联网技术建立一套覆盖工程区域的监测网，也是后续的研究重点。

物联网的核心价值在于数据，物联网感知数据实时在岩土工程数字孪生模型和平台上快速加载、融合和呈现，实现实时运行监测数据、工程健康状态可视化，模拟还原物理世界的运行情况，实现基于统一时空基础的岩土工程规划、分析和决策。

第三节　GIS 的岩土工程勘察技术

在传统岩土工程勘察中，人工操作对于复杂的勘察图件制定、数据处理等层面存在一定的局限性，严重影响勘察数据结果的准确性，迫切需要创造一种便捷并且高效、精确的技术，提升勘察数据结果的准确性，因此，一种现代化的资源管理信息系统—— GIS 技术在岩土勘察设计行业中得到广泛应用。

一、GIS 技术简介

GIS 技术，即地理信息系统，最早出现于 20 世纪 60 年代，其是依托计算机技术发展而来的，该技术能够实现对信息数据的自动化采集、存储、管理、分析与应用，其具有速度快、精确度高的应用优势，这使其在测绘、建筑等领域中得到了广泛应用，同时在地理数据的处理和分析中有着极强的通用性。GIS 技术涵盖了许多学科，如地图学、测绘学、地理学等，该技术运用计算机建立模型，并通过对模型进行相应的加工操作来达到处理地理数据的目的，进而使相关人员在利用地理数据及决策时能够提供数据支持，从而提高地理数据的利用效率。将 GIS 技术应用于岩土工程勘察中，必将为我国工程建设的信息化、标准化、科学化管理带来一些帮助。

地理信息系统能够对文字、数字、图形和图像等多种类型、多种来源的数据提供自动、交互式或人工的输入、匹配和变换能力；具有合理的空间数据结构，能对数据灵活有效地存储、检索和更新；具有各种建模能力，能对数据进行空间分析、统计分析；能提供多种形式（图形、图像、表格及数据）的输出。

GIS 的功能由以下 5 个组成部分提供：

用户接口：用以组织用户与 GIS 软件之间交互过程；

系统数据库管理：具有对空间信息存储、检索和删改的功能，这是传统数据库管理系统（DBMS）所不具有的功能；

数据输入：各种专题数据层的生成。GIS 采集的数据有两类：一是空间地理位置信息，二是空间属性特征信息；

空间数据处理和分析：包括区域组合、进行相邻搜集、拓扑分析、聚类和集合操作。以交互方式对具有拓扑结构的数据及属性数据进行分析，从简单的布尔查询到重新分类并生成全新的图形显示；

数字或专题图形输出：GIS 具有很强的显示能力，显示由其分析和模拟产生出来的各种图形和表格。动态生成的图件是将分析结果汇总和传送给用户的高效方法，可以是单色图，也可以是三维彩色图。

二、GIS 技术及岩土工程勘察的重要性

（一）岩土工程勘察的重要性

岩土工程勘察是针对整个工程项目进行前期预测处理，依据工程设计及施工中所涉及的各类参数进行现场勘察，结合数据信息的基准值，逐一比对出工程建设中应当遵循的各类基准，保证工程建设的持续性与完整性。从工程建设角度而言，需要通过前期全方位的数据检测，分析当前区域是否具备相应的工程开展基础，才可以明晰下一步的工作计划及落实。通常情况下，岩土工程勘察是对整个区域内进行立体化的分析，保证岩土土质、地表结构等是符合工程建设以及基建设施运行诉求的。从实际开采形式来讲，通过设备以及

技术对地质构造进行分析。例如，利用钻探将传感设备打入地层深处，利用设备传感了解到地层中的各类地质信息；利用井碳和槽碳等供应形式，对施工区域的地质条件进行现场勘察处理，查找出地址对于工程建设所产生的干预因素；利用物理探测法对在施工区域内的地质条件及水温条件等进行全方位衡量，保证每一区域所呈现的地质构造及结构属性是符合工程建设需求的。

（二）基于 GIS 技术的岩土工程勘察系统

基于 GIS 技术实现的岩土工程勘察系统，融合信息技术、测绘技术、传感技术等，通过数据信息模型为岩土工程勘察工作提供全面的数据支撑，而且在数据实时性共享以及数据精准化罗列功能下，有效规避数据传输中的不对称性问题，实现多个机构的协调化运作。如图 7-1 所示，为岩土工程勘察信息系统的主体架构。

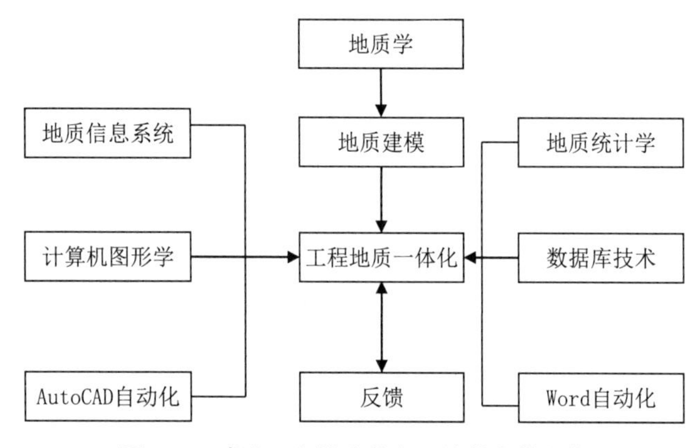

图 7-1　岩土工程勘察信息系统的主体架构

从具体功能方面来看，GIS 技术支撑下的岩土工程勘察系统，将原有的二维图纸进行三维立体化、四维动态化转变，充分利用工程中的各类地形图、地形资料等，进行全域化的数字管理，且整个设计及规划流程不仅可以通过三维立体化分析，而且可以通过各类图形功能的阐述，将工程勘察阶段、工程设计阶段与工程建设阶段进行有效关联，提供数字化服务。

整个系统是依据不同子模块实现数据化型运作的。首先，地形图子模块中，通过数据库的关联显示，保证每一类属性信息、区域图以及单体图信息之间传输的精准性，然后通过地形图分析整个施工区域内的各类特征机制，通过单体图之间的拼接，实现对整个区域内地形图总量的划分与处理，例如，通信机制、电力机制、供水机制等，通过地图无缝拼接的形式，保证每个专业级可以呈现子模块中的效果特征，同时也可以通过彼此之间的关联，对整个区域内的系统图示进行表述，进一步提高数据处理质量。例如，钻探技术。岩土工程勘察是针对待施工区域内的土层及土壤进行深入分析，钻探技术的应用与实现则是利用钻探设备钻入地层深处，依据地质情况以及勘察工序等设定好钻探参数，例如，回旋钻探、震动钻探以及冲洗钻探技术等，每一类钻探技术的实现需要分析不同设备工艺在实际契合过程中的参数。此类勘察过程可与 GIS 系统相关联，利用传感器分析出钻探区域的深度值以及各类地质情况。

其次，在岩土工程测量子模块中，利用各类测量技术以及设备等，选好整个数据监测控制点，结合数据库系统进行集中化处理。例如，针对 GPS 点、水文监测点、导线点等信息进行采集时，既可以实现数据信息的同步存储，也可以通过计算机设备对各类数据模型进行模拟，令工作人员明晰当前工程勘察中的地质横截面、纵断面之间的表述关系。

最后，在岩土地质子模块中，针对岩土工程勘察中各类地质资料进行整合处理，将资料与采集到的数据进行实时比对与归档，结合地质数据库中已经成型的地质信息进行复核处理，通过数据模型全方位映射出地质勘察工作中的数据列表以及立体化信息等，辅助工作人员做出决策。

三、GIS 技术在岩土工程勘察中的应用要点

（一）前期准备

岩土工程勘察是在一个较为复杂的环境下进行的，推动勘察工作会遭遇很大阻力，并会对勘察的真实性造成很大影响。按照 GIS 技术的需求，对安装的环境进行分析，从而有效避免 GIS 的安装环境所带来的影响。GIS 设备需安装在比较稳定的位置，并且要做好防尘、防潮工作；由专业人员完成配置使用的电源，最大限度地降低用电风险；保证 GIS 安装在清洁的环境下进行，并且工作人员要树立安全观，努力实现用电安全。

（二）现场布设

GIS 技术在现场布置的时候通常会涉及很多元件配件，为了提高 GIS 技术的应用效果，在安装过程中必须做好技术控制。首先，安装时要求专业的技术人员进行设备安装，要做好细节、精度控制，避免人为因素引起的误差问题。同时，还需要严格按照安装工艺的要求做好每个细节的配合，保证现场布置的要求满足实际需要，尽量避免人为操作引起的问题。施工现场还应该进行彻底清理，合理地选择使用结构配件，规范操作，保证用电操作更具可行性。

（三）安装工艺

在正式安装施工前应当按照程序进行，根据厂家所提供的编号与步骤进行，防止出现误装的情况。从内到外来进入安装范围，并按照相应的规定完成装配，避免出现误装的情况。吊点的选取需要符合产品技术。要是出现不平衡的吊装元件，就需要通过吊链来调节平衡。电器元件已完成组装后，在现场组装过程中就不能进行解体检验；若需要现场进行解体，就需要取得制造商的同意。使用的擦拭材料、密封脂、润滑剂与清洁剂等都需要符合规定要求。如果发现存在安装问题，就应该组织人员进行沟通联系，还要组织人员进行现场指导。

（四）进行地理信息系统的有效构建

GIS 技术在应用过程中应该从地理信息系统的角度出发，实现整体体系的建设，然后

才能使用相应的设备。在构建地理信息系统过程中，需要根据实际情况出发，通过有效利用软件对数据进行处理，以提高勘察信息的精确性，同时还要保证信息具备传递共享功能。系统的构建包括下面 4 个阶段：数据的导入、软件工具的运用、系统二次研发和软件运行。

1. 数据的导入

在进一步开展调研的前提下，确定体系的勘察对象和实际需求，采集勘探数据和信息（其中，涵盖电子版的信息和数据），初步进行处理后，将数据和信息导入至 Excel 或者数据表内。

2. 软件工具的使用

借助软件工具，在既有本地地图中展开剖析，比如，Arcview、manx、MapInfo 等。

3. 系统二次研发

针对软件工具内的插件或是软件自身展开二次研发，能将用户的具体需求当成重要参考依据，设定合适的功能命令放置在工具栏内，之后借助打包的方式，构建完善的流程。

4. 软件运行

软件检查和调试操作结束后，软件成型，能让岩土勘探数据和信息的成效与作用充分体现出来，还能使数据和信息资源的潜力与价值得到发挥，进而为相关决策奠定坚实的数据基础等。

（五）GIS 系统的应用分析

1. 构建岩土勘察历史数据库

就勘察部门而言，不同项目可能在地理空间上紧密相邻，甚至可能共享一个地理空间，有鉴于此，一些勘察外业信息和室内试验信息能当成是经验数据，进而充分得以利用。但是，现今很多勘察数据均是以纸作为载体进行储存，并且查找工作具备较大的复杂性，利用效率相对较低。倘若借助 GIS 形成钻孔历史数据库，就能系统地管控全部勘察数据与信息。之后借助 GIS 软件的查询工具，就能随时浏览所需的历史勘察信息和数据，进而能使信息与数据的查询效率得到极大提升。而要完成这种目标是非常简单的，借助 GIS 工具，比如，Arc GIS、Map GIS 或是超图等，创建点类型文件，就能进行存储勘探点数据与信息的存储。

各种项目内勘探点的地理坐标系务必是一样的地理坐标系，若是存在一定差异，就要进行地理坐标系的转换操作，之后把勘探位置的属性全部导入进去。全部的勘探位置就能在一个地图内展示，之后凭借 GIS 工具内的空间拓扑剖析工具，例如，缓冲区剖析，针对新布设的钻孔确定缓冲区半径，之后就能获得特定范围中的历史钻孔数据与信息，将工程编号等属性显示出来，如此设计师就能将原本的勘察信息和数据、原始记录等调出来，当成是相关决策的有效依据。倘若有附近范围内地下管线的 GIS 信息和数据，能当成一个新图层添至地图，借助软件中所具备的叠加剖析功能，就能查询新布设钻孔附近是否存在应该避开的管线，如此便能有效调节钻孔点，进而保障施工安全。

2. 绘制工程平面图与三维地质剖面图

在岩土勘察工作中，传统工程平面图往往是借助 CAD 完成，CAD 其实就是借助点、线与填充图案进行图形的绘制。GIS 工具能借助渲染、色彩填充的方式，使地势起伏与地貌特性等充分显示出来，进而增强地图的美观性，并且针对地图所进行的查询非常便捷。GIS 工具使每个地物均具备特定的属性，并且不只是单纯的图形。在岩土勘察工作中，地质剖面图的地位是不可替代的。

现今，剖面图均是二维形式的平面图，只是借助特定切面显示出来。GIS 工具能借助钻孔与实验结果，插值产生高精度，并且处于三维状态的地质体属性模型。此外，还能针对模型发挥缩放、平移以及旋转、任意方向剖切的作用，如此就能真正让勘察数据实现“所见即所得”的效果。

四、GIS 技术在全机械化岩土勘察作业中的应用

岩土工程建设是整个建筑工程中的基础环节，为建筑工程的设计与施工提供重要数据信息，在工程勘察设计与施工中所处的位置十分重要。建筑施工人员在进行岩土勘测时，很容易遇到复杂险峻的地形，这会增加勘测难度。随着时代的进步与现代科技、信息技术等的发展，GIS 技术被广泛应用于相关难题解决中，以 GIS 技术为支撑进行岩土勘察，可有效地提高勘察质量与效率。

（一）基于 GIS 技术的岩土工程勘察地理信息系统

基于 GIS 技术的岩土勘察地理信息系统以多样化的信息服务对纸质地图传统应用予以彻底转变，具有以下功能：一是存储、管理并维护岩土工程基本地形图与地形图资料；二是提供勘察成品图资料于岩土的规划与设计，资料包括数字化地形图、专题地形图、带状地形图、地质剖面图等；三是为岩土及建筑的设计提供地质资料；四是利用已有的地质资料，为未钻孔场地的地质资料的生成提供帮助；五是提供基础地理信息服务。

系统应包括以下 3 个子系统。

地形图子系统。含单幅图数据库、区域图数据库与属性数据库 3 个小型数据库。单幅图数据库用于与国家及行业相关测量规范相符的单幅地形图的存储。区域图数据库对特定范围内的单幅图进行拼接，形成“无缝地图”，然后按照岩土工程中气、水、电、通信等专业系统有针对性地提取全要素地形图中的专业内容，进行多图层存储的划分，最终生成以每个专业为对象的区域系统图，连接属性数据库，基础地理信息系统的属性数据库得以形成。

岩土测量子系统。包括岩土测量数据库与控制测量数据库，后者用于各种控制点成果的存储与管理，含不同等级三角点、导线点、水准点、天文点以及 GPS 点等在内。岩土测量数据库用于各类设备成图测量资料的存储与管理，包括图纸目录、地形图、带状地形

图、纵断面图以及横断面图等多项内容。

岩土地质子系统。包括地质数据库与钻孔资料数据库。利用存储的地质资料，岩土地质数据库可以分析并整理相应趋势面，为位置场地勘察成果资料的生成提供帮助。钻孔资料数据库对岩土中的地质钻孔资料进行存储与管理。地质数据库用于已完成的设备成图的地质存档资料的存储与管理，包含内容大致有图纸目录、剖面图、柱状图、勘探点平面位置图以及各种原位测试数据等。

总的来说，在岩土勘察中，利用 GIS 地理信息系统中的数字化电子地图技术进行岩土数据的全方位采集，存储为特定的数据格式，然后利用数据电缆或 PC 卡向计算机传输所得数据，存为特定的数据文件。之后，通过计算机成图软件对数据文件进行调用，与 CAD 技术结合生成矢量化的数字地图，可提供参考依据岩土勘察及整个建筑项目的施工设计。

（二）GIS 地理信息系统在盾构法岩土勘察中的应用

盾构法是暗挖法施工中的一种全机械化施工方法，在岩土勘察中应用盾构法，即将盾构机械在岩土中推进，利用盾构机外壳与管片支撑四周围岩，避免隧道内出现坍塌的现象。此外，在岩土的开挖面前方，利用切削装置开发岩土土体，经出土机械运出岩洞外，借助千斤顶于后部加压顶进，对预制混凝土管片进行拼装，最终形成隧道结构。盾构法要求对岩土隧道区间施工影响范围内的障碍物与影响物等进行详细勘察，这为 GIS 地理信息系统的应用开辟了广阔的空间。

一方面，可利用 GIS 地理信息系统中的数字化电子地图技术采集现有岩土面建构筑物、地下管线以及地下建构筑物等的坐标数据，设计接受施工的岩土隧道坐标，利用程序或电子表格进行计算，然后对各坐标数据加以转换，生成标准坐标数据文件，借助自动生成图软件对数据文件进行调用，制成统一的数字地图（见图 7-2）。

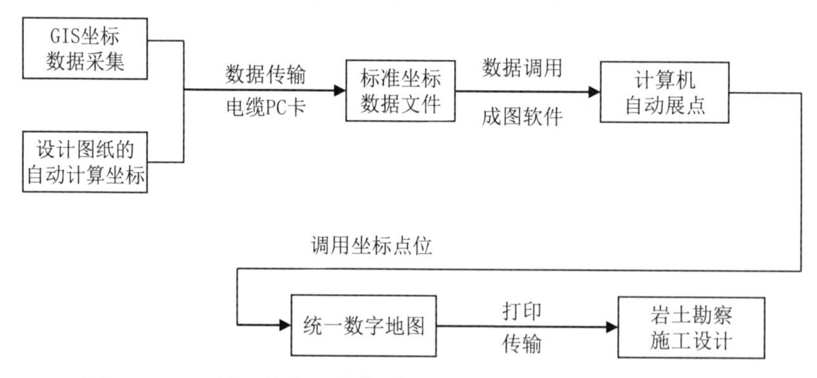

图 7-2　GIS 地理信息系统在盾构法岩土勘察中的应用流程（1）

另一方面，还可以利用 GIS 技术制成当前地面建构筑物、地下管线以及地下建构筑物等的数字地图，然后以 CAD 技术中的复制、粘贴、缩放、移动与旋转等工程为支撑，在当前数字地图中对设计院提供的电子版设计图纸进行统一，保证整个数字地图同施工岩土坐标系统的完全一致性（见图 7-3）。

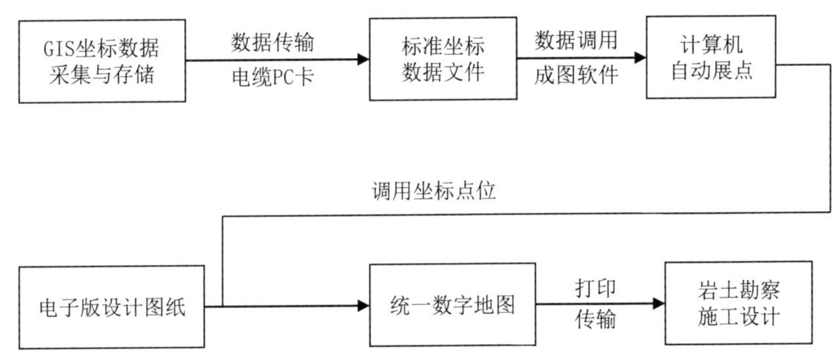

图 7-3　GIS 地理信息系统在盾构法岩土勘察中的应用流程（2）

利用 GIS 地理信息系统，可对岩土任意地物、地貌以及设计结构物上全部点位的施工岩土坐标进行捕捉，由数字化电子地图技术生成数字地图，对任意两点距离、方位等位置关系予以量取，以提供详细的地理数字信息，最终为建筑施工监控测量以及施工技术方案的整体设计与实施提供数据信息。

（三）GIS 地理信息系统在岩土勘察放样中的应用

在 GIS 地理信息系统中数字化电子地图技术生成的数字地图上，任意点位的岩土坐标都能被精确地捕捉到，任意两点之间的距离、方位角等位置关系也可被清楚地显示出来。基于 GIS 技术的数字地图在野外测量放样中的应用可转变以往单一数据形式放样的做法，在数据与图示两种形式的结合中提高现场测量放样的灵活性与准确性，为现场的及时检查与负荷提供便利，提高最终放样点位的准确性与成功率。

利用 GIS 技术，结合测量放样数据、岩土当前地质地貌、设计放样数字图等制成统一的数字地图，在易携带与操作的笔记本电脑中进行存储。在施工现场，对数字地图上的结构点位坐标数据进行捕捉与放样，校核计算所得数据。实地标定放样点之后，可以数字地图中岩土当前的地物地貌以及设计放样结构点两者之间的相对位置关系为依据检查并复核已标定好的放样点位，提高现场放样工作的可靠性。

（四）GIS 技术在岩土工程勘察中的应用趋势

GIS 技术可推进岩土工程勘察工作的进行，结合技术支撑下多功能化岩土工程勘察地理信息系统的构建，GIS 技术在岩土工程勘察中的应用必将朝向自动化、整体性以及空间存储性的趋势发展。日益成熟的 GIS 技术应用可向理论与实践的完整发展提供保证，自动化发展正是对先进理论应用的落实，突出了 GIS 技术的基础性，即达到自动化状态，提高自动化 GIS 技术应用于岩土工程勘察中的质量。根据岩土工程勘察的实际情况，GIS 技术构建了岩土工程勘察地理信息系统，系统具有整体性特征，以系统实现技术应用，是对 GIS 勘察可靠性的有效维持。

基于整体系统的干预，GIS 在岩土工程勘察中有望实现信息共享与资源优化配置，不断挖掘新工程，对 GIS 技术的整体效益予以维持。在岩土工程勘察中存在大量数据信息，这对其强大的存储功能提出要求，为了满足工程勘察数据存储的需求，保证数据存储的高度稳定性，GIS 技术在岩土工程勘察中的应用又会有存储空间的发展，以基础保障的形式对数据存储的积极性予以维护，实现 GIS 技术应用的进一步完善。

五、GIS 在岩土工程勘察当中的应用实例

案例阐述了 GIS 技术在长江流域岩土工程中的部分应用状况，主要是分析三峡地区滑坡、堤防监测和水土保持相关领域工程的应用情况。

（一）地理信息系统在长江流域岩土工程中的应用

我国 GIS 自 20 世纪 80 年代开始起步，目前主要应用领域有：城市规划、国土规划、地籍测量、环境动态监测、水资源管理等方面。地理信息系统进入多学科领域从较简单的单一功能的、分散的系统发展到多功能的、共享的综合性信息系统，并向多媒体 GIS 及智能化方向发展，新型地理信息系统将与遥感手段相结合，并运用专家知识系统进行分析、预测和决策。

GIS 在长江流域岩土工程中的应用比较广泛，包括：水库库区滑坡的空间分布及编目、水土流失的区划及预测、水工选址等岩土工程问题以及 GIS 支持下建立各种专题的岩土灾害数据库及制图技术的应用等。

（二）GIS 在三峡水库库区滑坡稳定性分析中的应用

该领域研究的热点集中于解决边坡稳定与地表状态的复杂关系，并通过外推圈定大区域中发生滑坡危险的地段。在该项研究中，GIS 正在发挥越来越大的作用。

水库蓄水时，库岸底部和侧面的岩石所承受的压力也逐渐增强，打破了岩石本来的平衡状态。同时，由于水大量下渗，使岩石的裂隙之间或颗粒之间的摩擦力减小，易于滑动。岩层为了适应水库蓄水以后新的压力状态，就不得不进行调整，表现为库岸再造。因此，应分析库岸各次崩塌事件的成因参数，确定主要因素的空间分布，从而圈定库岸边坡不稳定的易发地区。

采用 GIS 模型进行库岸非稳定性分析主要包括以下几个方面。

建立库岸滑坡数据库。例如，在三峡库区，采集三峡水库周边滑坡点数据，每一滑坡历史记录包括若干数据项，从几何和地质角度给出滑坡的完整描述。根据统计分析，采用 3 个与滑坡稳定性关系最显著的因素，即边坡坡度、几何形状和岩性。

通过航空摄影，得到库区数字高程模型（DEM），确定水库库岸外形图和边坡坡度，通过 TM 影像做出岩性图。

将数据层输入 GIS 系统。数据层包括库区 DEM 图、库岸滑坡分布图、岩性图、蓄水水位变化曲线图及地下水位变化曲线图。

构建 GIS 数据库。在 ARC/INFO 中将具有同一地理坐标参考系统的不同图层叠置进行空间关系分析。在此基础上建立库岸—库容综合信息系统。

用 GIS 模型评价库区边坡非稳定性采用了两种模型：滤网制图（布尔联合运算法）和加权因素综合法。前者是 3 个数据层的逻辑叠置形成，后者则根据对每一个参数加权求和综合得出的边坡非稳定指数。

（三）GIS 在长江堤防工程安全综合监测评价中的应用

长江中下游堤防工程是长江防洪工程体系的重要组成部分。堤防总长 3 万余千米，干堤长 3600km，其工程量大，汛期易遭险情。因此，堤防工程安全评价显得尤为重要。

基于 GIS 技术上的堤防安全评价模型能够建立和管理具有空间和非空间数据结构的数据库。利用 GIS 提供的各种工具模块，具有各种编辑和处理功能，可将来自堤防工程的各种评价指标转换成不同格式的空间或非空间数据。

安全评价模型的运作完全和 GIS 数据库联系在一起，例如，所有的输入数据、状态定义和输出定义都来自 GIS 运作环境。安全评价模型能够计算数据并存储计算结果，以备以后进一步的处理和可视化演示。

安全评价模型系统并非固定不变，只提供几个多功能应用软件。相反，其提供一个应用平台，则具有多种管理模块。借此，案例可对空间数据进行管理、共享、叠置、分析和可视化处理，利用 GIS 灵活多样的分析功能，可完成以下任务。

1. 结合光学卫星影像分析堤防变形状况

同一地区不同时间的两景影像经过地理纠正和辐射增强，可使分析影像内容最佳，分析结果得到一景新影像，原来两景影像的不同之处以不同颜色高亮度显示表示真正的变化。

2. 汛期堤防工作状态分析

通过采集堤防顶部高程和宽度特征，在顾及堤防两边水位基础上，对堤防溢流情况进行分析：堤防过洪可能发生的大坝溃口可以用一种简单的方式来模拟，溃口被假想成随时间呈线性变化。

3. 结合雷达影像和堤防工作状态分析结果进行洪水演进分析、灾情评估

将堤防工情资料用数字化扫描仪存储进 GIS 系统，利用“洪水演进实时响应专业模块”模拟汛期洪水侵入区域，结合雷达影像计算洪水影响区域范围、影响面积；结合区域人文资料估算灾情损失。

4. 维护堤防安全决策

可选择方案分析这一套系统的应用使得数学模型与具有空间分析能力的 GIS 模型结合起来，实现数据实时动态更新，并以三维可视化的形式演绎出来，给堤防安全监测工作提供了有力的技术支持。

（四）GIS 在长江上游水土流失评价中的应用

水土流失评价是 GIS 应用较早的领域。水土流失的主要影响因素是降雨和下垫面因子（岩性、土壤、坡度、植被、土地利用等）。各因素组合程度不同，则水土流失程度不同。

在 GIS 支持下，可将各因素分别建立各自的数据层，形成综合数据库，这些因素的数据层按空间位置的编码建立一一对应的关系。在此基础上，可建立水土流失综合信息系统，加上专业模型，例如，水土流失分区、土壤侵蚀量评价模型等可进行侵蚀分区、流失评价、治理规划方案比选，以成为管理和决策的有效工具。

（五）案例结语

随着三峡大坝的建成，把 GIS 技术应用于长江流域岩土工程中，可以及时准确地进行工程监测和灾害预测。GIS 应用于长江流域岩土工程有许多优点，例如，数据采取便于更新或可用于其他规划形式，从而更容易理解；把空间特征与多种属性相结合时，计算机可避免一些人为操作的失误。另外，将不同特征的数据分层叠和还可以快速地进行方案变更，短时间内完成多种方案的比选等。通过 GIS 在长江流域岩土工程的应用，可获得如下结论：

① GIS 具有高效的空间数据管理和灵活的空间综合分析能力，其强大的数据管理和分析计算功能，为长江流域复杂的岩土工程环境提供了定量研究的技术支持。

②可以利用航空摄影制作和应用长江流域内 DEM，建立评价库区边坡的稳定性模型。

③通过建立长江堤防 GIS 预警模型，对长江堤防工程安全进行综合监测评价。

④通过将专业数学模型嵌入 GIS 系统，可对长江流域的水土流失状况进行长、短周期评价，预测其发展趋势，有利于有效管理和及时决策。

GIS 发展的趋势是与遥感技术（RS）、卫星定位系统（GPS）等相结合，使分析岩土工程问题的能力提高到一个新水平。GIS 技术还可以应用区域工程地质、工程勘察、砂土液化、地质灾害总体评价等各个方面。同时，也应重视基础资料的收集和必要的野外调查试验及室内分析试验等，与传统方法相结合的 GIS 技术在长江流域岩土工程中将会得到更广泛、更有效的应用。

参考文献

[1] 唐朝生.极端气候工程地质：干旱灾害及对策研究进展[J].科学通报，2020，65（27）：3009-3027，3008.
[2] 达娃罗布.工程地质勘察中水文地质问题的危害及防治措施[J].中国资源综合利用，2020，38（9）：151-153.
[3] 陈土均.浅谈如何提高岩溶地区岩土工程勘察质量[J].西部探矿工程，2020，32（9）：46-47，50.
[4] 朱国武.关于水工环地质及岩土工程理论体系应用与发展[J].智能城市，2020，6（17）：39-40.
[5] 张存亮.岩土工程地质勘察中存在的通病及破解措施[J].工程建设与设计，2020（17）：134-136.
[6] 孙多明.岩土勘察工作中存在的问题分析及改善措施探讨[J].大众标准化，2020（17）：154-155.
[7] 张成.BIM技术在岩土工程勘察的应用[J].居舍，2020（25）：57-58，32.
[8] 杨庆益，杨祺.实变函数论在岩土工程勘察中的运用：评《岩土工程勘察》[J].岩土工程学报，2019，41（11）：2176.
[9] 吕维勇.岩土工程地质勘察中施工机械的研究与开发：评《工程机械》[J].岩土工程学报，2019，41（7）：1384.
[10] 杜艳松.综合勘察技术在矿山复杂地质区域岩土工程勘察中的应用分析[J].世界有色金属，2019（8）：205，207.
[11] 肖德强.工程物探技术在岩土工程勘察中的应用研究[J].科技资讯，2020，18（14）：40-41.
[12] 李生龙.工程物探技术在岩土工程勘察中的应用研究[J].建筑技术开发，2020，47（5）：163-164.
[13] 李超.工程物探技术在岩土工程勘察中的应用研究[J].世界有色金属，2019（16）：269-271.
[14] 张国银.岩土工程勘察施工中存在的问题及解决方法解析[J].工程技术研究，2019，4

（15）：79-80.
[15] 张靖杰.BIM技术在深基坑工程勘察及支护设计中的具体运用[J].智能建筑与智慧城市，2021（5）：77-78.
[16] 冯坤伟，梁培峰.微动勘探技术在隧道深厚风化层勘察中的应用[J].公路交通技术，2021，37（2）：95-100.
[17] 廖焱.勘察技术在岩土工程施工中的应用[J].中国建筑装饰装修，2021（4）：122-123.
[18] 韩忠.工程地质勘察中的水文地质问题及其工作优化策略[J].工程技术研究，2021，6（6）：236-237.
[19] 金旭，郭密文，张亚垒.基于Map GIS开发的岩土工程多源数据综合管理平台[J].岩土工程技术，2018，32（1）：17-20.
[20] 竺维彬.发展中的广州市轨道交通岩土工程勘察[J].广州建筑，2006（5）：66-67.
[21] 吴佳明.岩土工程数字孪生模型理论与方法研究[D].北京：中国科学院大学，2021.
[22] 刘益江，江明.勘察设计行业信息化发展历程与展望[J].中国勘察设计，2019（2）：60-65.
[23] 彭耀，樊永生，徐联泽，等.钻孔电视成像在武汉地铁岩溶勘察中的应用[J].资源环境与工程，2018，32（1）：134-136.
[24] 张盖.视频智能分析在工程勘察外业中的应用研究[D].南京：东南大学，2017.
[25] 孟宪才.数字化技术在提高岩土勘察效率方面的应用[J].工程建设与设计，2017（20）：17-18.
[26] 孙月成，李永飞，孙守亮.高精度三维地质建模新方法与关键技术研究[J].煤炭科学技术，2019，47（9）：241-24.
[27] 王继华，张风堂，赵春宏，等.三维岩土工程勘察系统开发与应用[J].电力勘测设计，2018（A01）.
[28] 杨建基，赖伟山，孙宗瑞.基于“智慧工地”管理系统和BIM技术的建筑施工安全生产管理深度协同[J].广州建筑，2019，47（4）：38-44.
[29] 王斌.中国地质钻孔数据库建设及其在地质矿产勘察中的应用[D].北京：中国地质大学（北京），2018.
[30] 谭光杰.信息化岩土勘察在架空输电线路工程中的应用研究[J].四川电力技术，2017，40（5）：51-54.
[31] 丁海兵.基于GIS地质勘察信息系统应用研究[J].资源信息与工程，2016，31（04）：60-61.
[32] 任治军，任亚群，葛海明.信息化条件下的勘察外业质量管控模式研究[J].电力勘测设计，2016（1）：21-24.
[33] 刘杰.岩土工程勘察设计与施工中水文地质问题探析[J].中国金属通报，2019（8）：184，186.

[34] 高跃.岩土工程勘察中水文地质勘察内容及地位勘察研究[J].工程技术研究，2019，4（14）：251-252.

[35] 张丽艳.工程地质勘察中的水文地质危害与相关方法研究[J].西部资源，2019（5）：70-71.

[36] 付国文.岩土工程勘察中水文地质勘察的地位[J].世界有色金属，2017（18）：206，208.

[37] 李帅.岩土工程勘察中水文地质勘察的地位及内容探讨[J].城市地理，2017（12）：97.

[38] 郭君红.岩土工程勘察中水文地质勘察的地位及内容研究[J].西部资源，2017（2）：136-137.

[39] 张超.论水文地质勘察对岩土工程的重要性[J].西部资源，2016（2）：104-105.

[40] 何源睿.岩土工程勘察中水文地质勘察的地位及内容[J].中国新技术新产品，2016（3）：114-115.

[41] 潘国华.岩土工程勘察中水文地质勘察的地位及内容[J].江西建材，2015（11）：219.

[42] 叶勇吉.岩土工程勘察中水文地质勘察的地位及内容探讨[J].今日科苑，2015（4）：80-81，84.

[43] 苏晓波.GIS技术在岩土工程勘察中的应用[J].山西建筑，2018，44（27）：76-77.

[44] 陈慈航.GIS支持下岩土工程勘察设计一体化研究[J].城市建设理论研究（电子版），2018（25）：93.

[45] 郭晓兰.GIS支持下岩土工程勘察设计一体化[J].城市建设理论研究（电子版），2018（19）：103.

[46] 崔智.GIS技术在岩土工程勘察中的应用[J].西部资源，2018（4）：97-98.

[47] 裴昌会.GIS在岩土工程勘察中的应用探析[J].科学技术创新，2018（18）：44-45.

[48] 苏订立，胡贺松，谢小荣.岩土工程勘察智能信息化技术研究现状[J].广州建筑，2019，47（6）：10-18.

[49] 陈潇.地理信息系统在岩土工程勘察中的有效应用[J].住宅与房地产，2018（11）：194.

[50] 熊鲲.浅谈结合三维勘察成果的房屋建筑岩土工程勘察设计一体化模式[J].科学技术创新，2020（11）：127-128.

[51] 廖亚楠.复杂地质条件下岩土工程勘察设计与施工的质量控制因素分析[J].世界有色金属，2020（11）：101-102.

[52] 严斌斌.贵州省思南县莲花山滑坡成因分析及工程防治对策研究[D]，中国地质大学硕士学位论文，2019.

[53] 沙坪坝区井双片区道路工程勘察设计3号路计算书，互联网文档资源，2020.

[54] 王晓丰，靳晓明，佟业增.基于建筑工程的岩土勘察与地基处理技术分析[C]//2020年9月建筑科技与管理学术交流会论文集，2020.

[55] 刘利民，梁洪振，史雨昊."短平快"项目安全标准化管理的模式探讨：以岩土工程勘

察为例[J].建筑安全，2020（12）：56–58.

[56] 曹聚凤，张琳，陈芷君.贵州岩土工程勘察内外业一体化系统的探讨[J].四川水泥，2020（7）：204–206，45.

[57] 金星.岩土工程中地基与桩基础处理技术的探讨[J].建筑技术开发，2020，47（1）：161–162.

[58] 王昭祥.岩土工程中地基与桩基础处理技术分析[J].世界有色金属，2019（20）：234–235.

[59] 刘红杰.岩土工程中地基与桩基础处理技术探究[J].技术与市场，2019，26（12）：140–141.

[60] 杨海巍.岩土工程中地基与桩基础处理技术的探讨[J].科学技术创新，2019（18）：121–122.

[61] 钟国洪.岩土工程中地基与桩基础处理技术的探讨[J].西部资源，2019（2）：132–133.

[62] 方庆，邵丽娟，马世强.岩土工程中地基与桩基础处理技术分析[J].建筑技术开发，2019，46（5）：163–164.

[63] 周福荣.岩土勘察工程技术的细节要点分析[J].建材与装饰，2020（14）：243–244.

[64] 褚娟.岩土工程勘察技术应用要点分析[J].低碳世界，2017（6）：93–94.

[65] 时艳.工程勘察技术在岩土工程勘察中的应用分析[J].建材与装饰，2019（34）：241–242.

[66] 王超.岩土工程勘察中的基础地质技术应用分析[J].中国金属通报，2019（10）：286，288.

[67] 余婷.综合勘察技术在岩土工程勘察中的应用分析[J].西部资源，2019（6）：117–118.

[68] 盛云华.浅析岩土工程勘察与地基处理的常见问题及对策[J].南方农机，2020，51（9）：254.

[69] 侯永锋.岩土勘察在岩土工程技术中的现状与发展窥探[J].农家参谋，2017（16）：173.

[70] 王耀之.岩土工程勘察技术现状及发展问题述评[J].低碳世界，2017（20）：54–55.

[71] 仲如伟，邓祖桔.岩土勘察在岩土工程技术中的现状与发展[C].《建筑科技与管理》组委会.2017年3月建筑科技与管理学术交流会论文集.《建筑科技与管理》组委会：北京恒盛博雅国际文化交流中心，2017：206，209.

[72] 刘阳.岩土勘察在岩土工程技术中的现状以及发展趋势[J].内蒙古煤炭经济，2016（07）：18–19.

[73] 周昌慧.探讨岩土工程勘察技术发展现状[J].中华民居，2014（9）：117–118.

[74] 沈曦.浅谈岩土工程勘察行业BIM技术发展现状[J].中国标准化，2019（14）：98–99.

[75] 李浩，王昊琪，刘根，等.工业数字孪生系统的概念、系统结构与运行模式[J].计算机集成制造系统，2021，27（12）：3373–3390.

[76] 胡天亮，连宪辉，马德东，等.数字孪生诊疗系统的研究[J].生物医学工程研究，

2021，40（1）：1-7.
[77] 郑伟皓，周星宇，吴虹坪，等.基于三维GIS技术的公路交通数字孪生系统[J].计算机集成制造系统，2020，26（1）：28-39.
[78] 陶飞，刘蔚然，刘检华，等.数字孪生及其应用探索[J].计算机集成制造系统，2018，24（1）：1-18.
[79] 陶飞，刘蔚然，张萌，等.数字孪生五维模型及十大领域应用[J].计算机集成制造系统，2019，25（1）：1-18.
[80] 陶飞，张贺，戚庆林，等.数字孪生模型构建理论及应用[J].计算机集成制造系统，2021，27（1）：1-15.
[81] 庄存波，刘检华，熊辉，等.产品数字孪生体的内涵、体系结构及其发展趋势[J].计算机集成制造系统，2017，23（4）：753-768.
[82] 郑伟皓，周星宇，吴虹坪，等.基于三维GIS技术的公路交通数字孪生系统[J].计算机集成制造系统，2020，26（1）：28-39.
[83] 朱庆，李函侃，曾浩炜，等.面向数字孪生川藏铁路的实体要素分类与编码研究[J].武汉大学学报（信息科学版），2020，45（9）：1319-1327.
[84] 范华冰，李文滔，魏欣，等.数字孪生医院——雷神山医院BIM技术应用与思考[J].华中建筑，2020，38（4）：68-71.
[85] 白世伟，贺怀建，王纯祥.三维地层信息系统和岩土工程信息化[J].华中科技大学学报（城市科学版），2002（1）：23-26.
[86] 陈麒玉.基于多点地质统计学的三维地质体随机建模方法研究[D].北京：中国地质大学，2018.
[87] 郭甲腾，刘寅贺，韩英夫，等.基于机器学习的钻孔数据隐式三维地质建模方法[J].东北大学学报（自然科学版），2019，40（9）：1337-1342.
[88] 杜子纯，刘镇，明伟华，等.城市级三维地质建模的统一地层序列方法[J].岩土力学，2019，40（S1）：259-266.
[89] 冉祥金.区域三维地质建模方法与建模系统研究[D].长春：吉林大学，2020.
[90] 李明超，白硕，孔锐，等.工程尺度地质结构三维参数化建模方法[J].岩石力学与工程学报，2020，39（S1）：2848-2858.
[91] 李建，刘沛溶，梁转信，等.多源数据融合的规则体元分裂三维地质建模方法[J].岩土力学，2021，42（4）：1170-1177.
[92] 梁栋.三维地质模型不确定性分析方法研究[D].北京：中国地质大学，2021.